青少年篇

读懂这些故事，你就成功了！

顾勇 主编

青岛出版社
QINGDAO PUBLISHING HOUSE

图书在版编目(CIP)数据

读懂这些故事,你就成功了!青少年篇/顾勇主编. —青岛:青岛出版社, 2016
ISBN 978-7-5552-2660-4

Ⅰ. ①读… Ⅱ. ①顾… Ⅲ. ①成功心理 ②青少年成长 Ⅳ. ①B848.4-49

中国版本图书馆 CIP 数据核字(2016)第002955号

书　　名　读懂这些故事,你就成功了!(青少年篇)
主　　编　顾　勇
编　　委　顾　菡　汤仁荣　陈丽娟　崔雪梅　孔劲松　陈建军　郝云龙　郝小峰
　　　　　张　靖　张久越　王业波　柳乐松　梁学娟　吴学娟　王　曼
出版发行　青岛出版社(青岛市海尔路182号,266061)
本社网址　http://www.qdpub.com
邮购电话　13335059110　(0532)68068026(兼传真)　(0532)85814750
责任编辑　傅　刚
特约编辑　刘　青
封面设计　祝玉华
照　　排　青岛双星华信印刷有限公司
印　　刷　青岛双星华信印刷有限公司
出版日期　2016年9月第1版　2016年9月第1次印刷
开　　本　16开(710mm×1000mm)
印　　张　16.5
字　　数　200千
书　　号　ISBN 978-7-5552-2660-4
定　　价　29.00元
编校印装质量、盗版监督服务电话　4006532017　0532-68068638
印刷厂服务电话:(0532)86828878

序 言

故事，是上天赋予我们最好的礼物之一。

一个故事就是一种人生，一个故事就是一次转机，一个故事就是一次对成功的指引……

在故事里，我们能够找到自己的身影。我们一次次驻足，一次次停留，一次次反思，一次次体味……就像品尝一杯杯美酒，芬芳浓郁而耐人寻味，味美纯正而醉人心扉。

故事折射人生百态，引导我们感悟生命的华彩乐章，给我们以成功的启迪。对此，我们深表感激。同时，我们亦希望尽绵薄之力，将这些故事编写成册，引发更多人的深思，指引更多人迈向成功。

正因为此，我们精心编写了《读懂这些故事，你就成功了！》系列丛书。丛书包括“青少年篇”、“职场篇”、“创业篇”、“婚恋篇”共四册。

故事，是青少年朋友的良师益友。读这些故事，会在不经意间触动你的心弦，哲理与智慧如同一股股清澈的山泉，慢慢渗入你的心，还有利于扩展你的眼界，帮助你树立良好人格，找到自我价值，拥有自信，不畏艰难，让你在成功之路上少走弯路。

故事，是职场人士的指路明灯。读这些故事，在不知不觉间，帮助你完成一次次对职场和人生的思考，帮你拨开职场迷雾，让你学会勇敢地面对挑战，使你学会避开职场雷区，让你能够真正驰骋职场。

故事，是创业者的铺路之石。读这些故事，在潜移默化中，帮你解放思想，树立目标，控制情绪，培养毅力，学习经营……一个个故事，就像为你的创业之路铺上一块块基石，让你在创业之路上站得更高，看得更远。

故事，是婚恋者的幸福源泉。读这些故事，犹如春风扑面、春雨润心，让你在婚恋生活中不再迷茫，掌握追求的方法、相处的艺术，真正理解"唇齿相依，平淡是福"，真正做到"不离不弃，呵护爱情"。

丛书中的故事，每一篇都是人生体验的升华，是人生智慧的结晶。这些故事，在创作上，避开了生硬简单的说教；在语言上，于简练中引发出人生的真理。只要粗略一读，就会产生排除心中的烦恼、兴犹未尽的感觉；用心品读，更会使人茅塞顿开、神清气爽，生发灵性和睿智。

最后，真诚地希望本丛书能对您有所启迪和帮助，希望您能和家人或朋友一起分享。此外，特别感谢路纯、孙金叶、陈丽娟、顾菡、李玲、汤仁红等同仁在编写本丛书时所给予的帮助。谢谢！

目 录

第一章 优秀品质,先做人,后做事

如何做人,做一个什么样的人,是每一位青少年朋友必须思考的问题。做人固然没有一个绝对的标准,但它依旧存在着一些通用的准则,如做一个善良的人、做一个诚实的人、做一个宽容的人……

第二章　不断学习,求知识,增力量

学习是迈向成功的通行证。无论在何时何地,我们都要不断地为自己"充电"。只有那些随时充实自己的人,才能在竞争激烈的环境中生存下去。培养自己不断学习的能力,我们会离成功很近。

第三章　提升自信,昂起头,挺起胸

自信能给人勇气,使人敢于向任何困难挑战;自信也能使人急中生智,化险为夷;自信更能使人赢得别人的信任,从而帮助自己取得成功。成功始于自信,这个道理人人都懂,但并非人人都能做到。

第四章　坚忍不拔，攀高峰，炼毅力

青年人最不缺三分钟热度，心血来潮，马上行动，没几天热情便不见踪影。要知道，伟大成就源于厚积薄发和坚忍不拔。只有那些懂得千里之行始于足下、懂得志存高远需要脚踏实地的年轻人，才有迈向成功的可能。

第五章 积极心态,有阳光,有欢乐

请努力做一个拥有积极心态的人。心态积极的人,乐观、不怕困难、善于行动;心态积极的人,热情、心理健康、人际关系和谐;心态积极的人,在事业上要比那些消极颓废的人,更容易获得成功。

第六章　学会处世,结人情,受欢迎

古人云:"世事洞明皆学问,人情练达即文章。"处世能力是人生最重要的能力之一。掌握处世的智慧,能让你轻松战胜挫折和困难,拥有好人缘,自如应对错综复杂的人际关系。

第七章 良好习惯,好习惯,好人生

你反复的行为便形成了习惯,而习惯又反过来塑造了你独特的自我。一位哲人曾说:"种下一种行为,收获一种习惯;种下一种习惯,收获一种个性;种下一种个性,收获一种命运。"好的习惯会使你内心涌动着一股奋发向上的力量。

第八章　懂得感恩，知珍惜，善回报

怀有一颗感恩的心，去对待你周围的人。感恩鼓励你的人，是他们让你充满信心；感恩帮助你的人，是他们给了你希望；感恩嘲笑你的人，是他们激发了你的斗志……学会感恩，让我们的胸怀更宽广，让我们的心中充满爱。

第九章　正确观念，有思想，有内涵

一个人想要获得成功，必须拥有正确的观念。正如一位著名作家所说，“一个人拥有正确的观念和态度，不一定能立即成功；但如果缺乏正确的观念和态度，即使一时幸运，终究会被打回原形，难逃失败”。

第十章　疯狂口才，敢说话，善说话

古希腊寓言中说道，舌头这东西的确是个怪物，它能用最美好的词语来赞誉你，也可以用最恶毒的言词来诅咒你，它能把蚂蚁说成大象，也能把小丑说成国王。可见，说话大有学问。

第十一章　改正毛病，小毛病，大问题

诗人泰戈尔曾经说过："当鸟翼系上累物时，就飞不远了。"如果我们不能找出自身的坏毛病，并坚持不懈地去克服，那么我们一生只能碌碌无为，成为那只飞不高的鸟儿。

第一章　优秀品质，先做人，后做事

如何做人，做一个什么样的人，是每一位青少年朋友必须思考的问题。做人固然没有一个绝对的标准，但它依旧存在着一些通用的准则，如做一个善良的人，做一个诚实的人，做一个宽容的人……

李勉葬银：用道德支撑人生

唐朝有个读书人叫李勉，他家境贫寒，但自幼好学，从书中学到了许多做人的道理。李勉拥有高尚的品德，从不贪图别人的钱财，具有诚实儒雅的君子之风。

有一次，他去外地求学，住进一家客栈。恰巧有一位进京赶考的书生也住在那里，两人经常在一起谈论诗歌，因为喜好相同且很有共同语言，很快就成了无话不谈的朋友。

一天，书生突然感到身体不适，起不来床。李勉急忙为他请来郎中，为他煎药，且亲自给他喂药送饭。这一忙就是十多天，他每天都很细心地照顾着书生，不敢有一点的疏忽和怠慢。但不幸的是，书生的病情没有一点起色，反而越来越重。看着日渐虚弱的朋友，李勉百感交集，于是他跑到相邻的村庄向乡亲们寻求民间药方，遇到药店里没有的药材他就自己上山去采。

一天傍晚，李勉采药回来，来到朋友的房间，发现书生的脸色好像有了光泽，心里非常高兴，就走到床前说："哥哥，你是不是感

觉好些了?”

书生说:“我觉得自己的时日不多了,今晚可能是回光返照,临终前我有一事相求。”

李勉忙说:“哥哥千万不要乱想,我看你今天气色就很好,想必很快就会好起来。哥哥有事就说,不要跟我客气。”

书生说:“你把我床下的小木箱拿出来,打开。”

李勉从床下拿出了小木箱。

书生指着箱里的包袱说:“这一个多月,幸亏有你在我身边细心照顾。这里有一百两银子,本想在赶考路上用,但现在用不上了。我死后,拜托你用它替我买副棺木,剩下的就当是我送给你的谢礼。这是我的一点心意,你一定要收下,不然我死了也不能安心!”

李勉为使书生安心,就答应了他的请求。

次日清晨,书生去世了。李勉按照他的遗愿,买了棺木并细心安葬了他。

几天后,书生的家人接到李勉寄来的书信,匆忙赶到了客栈。李勉把买棺木余下的银子交给了书生的家人。知道事情的原委后,他们都被李勉诚实守信、不贪图钱财的高尚品格所感动。

后来,李勉在朝中做了大官,但他依然为人清廉,真诚儒雅,受到了百姓的高度评价,在文武百官面前也很有尊严。

成功课堂

以德立身贯穿于每个人的全部人生。在人生的不同阶段,道德对于人的要求会有着不同的变化,每个人体验和经历的内容也不一样,但是以德立身的人生支柱是不变的,它对每个人的人生大厦起着支撑作用的定律是不变的。

老锁匠收徒：永不打开的心锁

襄阳有位老锁匠，修了一辈子的锁，技艺高超。由于年事已高，他怕日后手艺失传，便想找有潜力的年轻人来接他的班。于是，人们帮他挑选了几个年轻人，最后老锁匠从中选出两位，打算把手艺传给他们。

经过几个月的学习，两人进步很快，但老锁匠只想选一位作为他的关门弟子，因此他决定来一次比试，然后再做决定。

这天，老锁匠搬来两个箱子，分别放在两个房间里。他让两个徒弟同时各自去开箱子，用时最短的为胜者。结果大徒弟只用了十分钟，而二徒弟用了半个小时才打开，人们都认为结果已经非常明确。

这时老锁匠说话了，他问两位徒弟："打开箱子，你们看到了什么？"

大徒弟极其兴奋地说："里面有很多的钱，还有金银珠宝！"

二徒弟很难为情地说："师傅，我没注意，我只是一门心思开锁。"

听完二徒弟的回答，老锁匠很高兴，立即宣布二徒弟成为他的关门弟子。然而，大徒弟不服，众人也疑惑不解。

老锁匠笑了笑说："干我们这行，最注重的是职业道德。我的徒弟必须是和我一样的高级锁匠，所以心中只能有锁，其他的视而不见。如果注重钱财，心存贪念，那必然会入室开箱偷人钱财，只能害人害己。修锁的人，心中必须有一把永远打不开的锁。"

成功课堂

每个人心中都会有把锁，就看你锁进去的是什么。在社会上，只有先学会了怎样做人，才能做好其他的事情。用一把打不开的心锁把自私、贪念、邪恶等牢牢锁住，才能事半功倍。

虔诚的修道者：欲望的链条

从前，一位虔诚的修道者离开了所住的村庄，到一个无人居住的山中禁欲苦行，想在这里隐居。

他在山上住了一段时间，当需要换衣服时，他发现自己只有一件衣服，无可替换。因此，他决定下山到村里，向村民乞讨一块新布来做衣服。村民都知道他是虔诚的修道者，就把新布给了他。

修道者回到山上，发现有只老鼠总是在他打坐的时候出来啃咬他新讨来的那块布。因为早就发过誓一生遵守戒律不再杀生，因此他不能打死这只老鼠，可是老鼠又必须赶走。于是，他又下山，向村民要来一只猫来驱赶老鼠。

猫是要吃东西的，他不忍心让猫把老鼠吃掉，但猫又不能像他一样只吃素。所以他只得再次下山，向村民要了头奶牛，让猫以牛奶为食。

就这样，他在山上居住了一段时间，慢慢地，发觉喂养奶牛要花费很多的时间，他再次下山，找到一个可怜的流浪汉，带他一起回到山中，帮自己喂养奶牛。

就这样，他们又在山中居住了很长时间。一天，流浪汉很不高兴地对修道者说："我是正常人，不能像你一样生活，我需要一个妻子，过正常人的生活。"

修道者觉得他说的也有道理，别人没必要和自己一样，过着吃斋修行的日子……

故事就这样不断地延续下去。慢慢地，整个村子都搬到了山上。

成功课堂

欲望就像是一条锁链，一环套一环，永远都不能满足。我们每个人都有欲望，但欲望太多了，人生就会变得疲惫不堪。每个人都应学会减负，因为生命之舟载不动太多物欲。

鸟儿的忠告：因贪婪而变蠢

有一天，猎人抓到了一只会说话的小鸟。

这只鸟对猎人说："你放了我，我就告诉你三条忠告。"

猎人很不屑地回答："你先告诉我忠告，我再放了你。"

小鸟说："第一条忠告是，做过的事千万不要后悔；第二条忠告是，如果别人告诉你一件事，你自己不相信就不要去信；第三条忠告是，如果你爬不上去，就不要浪费力气去爬。"

说完，小鸟对猎人说："现在你该放我走了吧？"

猎人随即放了这只小鸟。

然而，小鸟并没有飞走，而是落在一棵大树上。它不屑地对猎人大声喊道："你真是个蠢人，我说了这么久你都没有发现，在我嘴里有一颗价值连城的大宝石吗？就是它让我变得如此聪明！"

猎人闻言，立刻奔向大树向上爬去。可是他根本就不会爬树，没爬两下就狼狈地摔在了地上，而且还把右腿摔断了。

小鸟开始嘲笑他，并继续向他喊道："你果然是个笨蛋！我刚刚和你说的三句忠告，你是一句都没记住。不让你后悔，你却后悔放了我；不可能的事就不要去信，你却相信我这么小的嘴里会有大宝石；告诉你爬不上去就不要爬，可是你还是要往树上爬，现在还把腿摔断了。”

当小鸟即将飞走时，又对猎人说：“心存贪念的人，总是会被美好的东西迷惑，甚至做出蠢事。愚蠢的好心人，你就是这样一个人！”

成功课堂

人常常如此，因为贪婪而忘记一切，最后把自己搞得狼狈不堪。只有抛弃贪念，才能让自己的头脑保持冷静，把事情做好，从而达到最终目的。

乞丐搬砖：珍视人格与尊严

一天，有个乞丐来到院内，他的手臂整个都没有了，乞丐想让女主人施舍给他点食物或是钱。乞丐样子很可怜，相信谁看见都会给他点东西的，但是女主人却对他说：“你看到我家门前有一堆砖了吗？你把它们搬到屋后去吧！”

乞丐立即很生气地说：“我只有一只手，怎么干活！你不想给就直说，为什么要捉弄我？”

女主人没有理会他，而是自己去搬那些砖，并且她故意地只用左手。她搬完一趟后对乞丐说：“一只手也能干这活，我能做到，难道你就不行吗？”

乞丐当时就愣住了，他傻傻地看着女主人，一句话也说不出来。接着他就用那只健全的左手干了起来，因为一次只能拿两块砖，所以他搬了两个多小时才搬完。乞丐累得大汗淋漓，浑身上下都是土，头发也被汗水粘在了头皮上。

女主人给了他一块雪白的毛巾，乞丐看也不看，拿过来就擦，只见那条雪白的毛巾瞬间变得乌黑不堪。

这时，女主人递给他二十元钱，乞丐惊喜地接过钱，非常感激地说了声“谢谢！”

而女主人却说：“你付出了劳动，这是给你的工钱，没必要谢我。”

乞丐激动地说：“你给我上了宝贵的一课，把这条毛巾送给我吧，我想留作纪念。”之后，他向女主人鞠了一躬就上路了。

过了不久，又来了一个乞丐，他四肢健全。女主人让他把砖从屋后搬到门前来，同样给他二十元钱。可是这个乞丐很不屑地看了那砖一眼，转身走了。也许是他觉得二十元太少，又或许是别的什么原因吧。

这时女主人的孩子问她：“妈妈，上次是让乞丐把砖从门前搬到屋后，这次又要搬回来，您到底是想放在门前还是屋后呢？”

女主人微笑着对孩子说：“砖放在哪里都可以，主要是看有没有人愿意搬它。”孩子不解地看着妈妈，没有再说话。

很多年过去了，女主人老了，但是她依然住在那里。突然有一天，一个风度翩翩、气宇轩昂的男子来到了院内。虽然他没有右手，但是他十分自信，从他的气质中就可以看得出。

这位男子亲切地拉住女主人的手，眼含泪水地对她说：“假如没有遇到您，我可能还是一个乞丐，但是我现在已经是一家大公司的董事长了。”原来这位男子就是当年那个残疾的乞丐。

可是女主人已经记不得他是谁了，只是很慈祥地说：“恭喜你，这是你自己努力的结果。”

曾经的乞丐为了感谢她，想要把她和家人一起接到城里去住。可是女主人却说：“我们是不会去的。”

“为什么？”当年的乞丐不解地问。

“因为我们都有两只手。”女主人淡淡地说。

当年的乞丐依然坚持让他们去城里住，说是给她的学费，因为她让自己明白了什么是人格，什么叫尊严。

女主人笑了笑说:"那就请你把给我的那套房子,送给那些真正需要它的人吧!"

成功课堂

尊严是人最重要的东西,是无法用金钱来衡量的。与其用金钱来接济他人,不如给他足够的尊重,让他重拾自信,也许会得到更多更好的积极效果。

梵高最坏的日子:学会克制

梵高曾经在一个矿上做牧师,当然这是在他成为画家之前的事情。偶然的一次机会,他要和几名矿工一起下井,当坐上升降机时,梵高感到了从未有过的恐惧。随着升降机向下运行,铁索发出沉闷的响声,厢板也在不停地摇晃,机厢里的人谁都不说话,面无表情,当完全进入井里后,一片漆黑让人不寒而栗,犹如来到了地狱一般。

后来,梵高问一位有经验的老矿工说:"你们下井不害怕吗?是不是都已经习惯了?"

老矿工笑了笑说:"不是习惯,而是克制。没有人不害怕黑暗,只是工作就是在这种环境,所以必须学会克制。"

成功课堂

有些东西是人的本性,不是多经历几次就能习惯的。可是生活并不会总是事事如意,有些事不管你愿不愿意都要去做,因为那就是你自己选择的生活。所以,我们要学会克制,学会忍耐,这会让我们的生活变得轻松。

嗜鱼的公仪休：有失必有得

从前，鲁国有个宰相叫公仪休，他十分爱吃鱼，家中餐餐必有鱼。可是，当有人给他送鱼的时候他却百般推辞，并且吩咐自己的家人谁都不可以接受。

弟弟对公仪休的做法很是费解。有一天，弟弟闲来无事，就问哥哥："你最爱吃鱼，为何别人送的却一条都不要呢？收下不就省得自己去买了吗？"

公仪休听后大怒，很严肃地对弟弟说："就是因为我爱吃鱼，所以坚决不能收他们给的鱼！

"你以为他们那些人是像自己家里人一样，心疼我、怕我工作劳累才送我鱼吃吗？肯定不是，他们是想利用我，为他们自己谋福利。几条鱼算什么，然而一旦收下了，为此付出的代价，要比几条鱼贵出不知道多少倍。他们拿我做保护伞，可是谁又是我的保护伞呢？早晚有一天我会被他们害得丢了官，到时我想吃鱼他们还会送我吗？我还有薪俸买鱼吗？现在我不要他们的鱼，自己也可以买鱼吃，你说是要他们的鱼还是不要呢？"

公仪休刚和弟弟说完这话没两天，又有一个不知姓名的人送给他家一条鱼，只因当时他不在家，所以没办法退回去。于是，公仪休就把鱼挂在自家的大门口，直到发臭、腐烂了才扔掉。从那以后，再也没有人给他送鱼了。

成功课堂

"有得必有失。""鱼和熊掌不可兼得。"想必这些话都听过，然而能真正理解的又有多少人呢？人都会有贪念，所以必须学会取舍，不然受伤害的只能是自己。

青年舒伯特：做一个善良的人

1814年，“歌曲之王”舒伯特写出了《野玫瑰》这首名曲，但有谁知道他是怎样作出此曲的呢？

那时的舒伯特很穷，他根本买不起钢琴，因为对音乐的狂热，他每天都要去小学里练琴。他也喜欢作曲，可是他穷得连吃饭的钱都没有。

就在那年的一个傍晚，他从维也纳的街头经过，因为拮据还没有吃饭。正考虑吃什么的他，不经意间看到一个面黄肌瘦、衣不遮体的小女孩手里拿着本旧书和一件旧衣服，站在旧货店旁边叫卖，这个女孩曾经在他教学的唱诗班当过歌童。看到此景他非常伤感，因为同情这个可怜的孩子，他用身上仅有的一些古尔盾买下了女孩的书。

舒伯特边往家走，边翻看那本刚买来的旧书。慢慢地，他被诗人歌德的《野玫瑰》所吸引，竟忘情地一遍遍朗读起来，使自己完全融入其中。与此同时，在他的脑海里，已经谱写出了一曲清新而又唯美的旋律，就是那首被称为世界音乐宝库中瑰宝的《野玫瑰》，它的手稿也是价值连城。如果不是他的同情心让他买下了这本书，也许他一辈子也不会读到这首诗，那么这首名曲也就无法诞生了。就是因为一颗善良的心，成就了一位伟人，为世界增添了一首不可多得的名曲。

成功课堂

做一个善良的人吧！善良能让我们保持纯真，能展现出我们的真善美，能感染、感动我们身边的每一个人。善良的人更容易获得好运！

孪生兄弟：做自己最好

曾经有一对孪生兄弟，因为洪水被冲散了，离开了父母他们只能靠自己。多年后，哥哥在寺里当了和尚，而弟弟则娶妻生子，过着平淡的生活。机缘巧合使他们在二十年后重逢了，经过交谈他们了解了彼此的近况，两人相互羡慕起来。哥哥生性开朗，觉得弟弟有家庭能感受到家的温暖，也能自由自在无人约束；弟弟生性安静，非常羡慕哥哥皈依佛门自得清净，不用管尘世间的纷纷扰扰。

因为多年不见，兄弟俩要说的话很多，所以经常在山上一座凉亭见面。一天，刚聊了几句就发生山崩，他们马上躲进相邻的山洞里，好在都没受伤。山上夜晚很凉，哥哥脱下僧衣给弟弟盖上。天亮时，哥哥还在睡，弟弟就把自己的上衣给了哥哥。几天后，有人上山发现了他们，因此得救。然而，哥哥被送到了弟弟家，弟弟却被送到了寺里。因为曾经相互羡慕，二人就这样住了下来，他们都想感受一下自己曾经向往的生活。然而，哥哥为了养家整天辛劳苦作，根本没有时间享受家庭的温暖，更不要说自由了；弟弟也被寺里的生活弄得焦头烂额，连睡觉都成了问题，不仅没有感到出家人的清闲，反而更加疲惫。

兄弟俩终于忍受不了了，换回了自己原来的身份。此时，他们恍然大悟，原来做自己最好！

成功课堂

不要只是盲目地羡慕别人，也许别人同时也在羡慕你呢！你选择的生活一定是最适合自己的！

谁是丛林之王：不要到处炫耀

在丛林中，生活着一只极其自恋的狮子，它认为自己是最有力量的，经常在丛林里欺负其他动物。

一天，狮子吃饱了闲得无聊，在丛林里闲逛。它看见一只兔子在觅食，便骄傲地走过去问："谁是丛林之王？"这可把兔子吓坏了，哆嗦着说："狮子老爷，当然是您了。"狮子满意地走了。不一会儿，一只小猴蹦蹦跳跳地跑了过来，狮子向它大叫："谁是丛林之王？"小猴子立刻僵住了，磕磕巴巴地说："肯定是您，您是这里的王。"就在这时，一只成年的大象走了过来，狮子照旧也问大象："谁是丛林之王？"大象二话没说，用它强有力的鼻子把狮子卷了起来，在空中使劲一甩，可怜的狮子痛苦地挣扎着，而大象还不放过它，又把它狠狠地摔在了地上。这时，大象不屑地看了狮子一眼，高傲地走了。

狮子一直趴在地上，一动也不动，但心里却在想：你不知道是谁，也不用这么生气吧！当然，它现在只敢在心里面默默地说。

成功课堂

俗话说，"人外有人，天外有天"。自信没有错，但自信过了头，到处炫耀，甚至向强者挑衅，则必定自找苦吃！

莫泊桑的沮丧：人贵有自知之明

法国著名小说家莫泊桑有一天十分懊恼，在屋子里走来走去，并且自言自语地说："真是人外有人啊！"

朋友不禁问道："您为什么有此感慨呢？"

莫泊桑示意他看书桌上的书，无奈地说："你看过这本《伊凡·伊里奇之死》吗？"

朋友回答："当然了，这不是列夫·托尔斯泰的著作么，写得很不错。不过，您的书也很好啊。您不是写了很多特别受欢迎的短篇小说吗？而且还被誉为'短篇小说之王'。"

可是，莫泊桑却摇了摇头说道："我和他没法比，今天我又重读了一遍这本书，发现我的书和他的根本没有可比性。"

朋友没有再说话，而是用赞赏的眼神看着莫泊桑。朋友知道，其实他并不比托尔斯泰差，但他能这样评价自己，已经很不容易了。现在他已经取得了很大成就，但并没有因此而冲昏头脑，而是很冷静地评价自己。这也许就是他能成功的根本原因吧，朋友不禁更加敬佩他。

成功课堂

太多的赞赏和好评，很容易使人失去方向、盲目自大，在成就面前保持冷静，而且能够清楚地看到自己的不足是很不容易做到的。有自知之明，才能不断进步。

睿智的丘吉尔：真诚、坦率和机智

第二次世界大战期间，当时的英国首相丘吉尔曾去过美国华盛顿，目的是要会晤美国总统罗斯福，商量与其共同打击德国法西斯，并希望美国能给予他们物质上的支持。当时，丘吉尔受到罗斯福的热情欢迎，随后住进了白宫。

一天清晨，丘吉尔刚洗完澡，赤裸着身体在浴室里来回踱步，这是他多年的习惯，认为这样能完全放松，从而得到最好的休息。这时听见有人敲浴室的门，丘吉尔大声地说："谁啊？进来吧！"随后门开了，进来的正是罗斯福。罗斯福见到如此尴尬的情景便立即转过身，而此时睿智的丘吉尔却说："总统先生，您不必出去。"这时他友好地伸开了双臂，并作出拥抱状，大声说："我大不列颠首相，不需要向美国总统隐瞒什么！"接着两人便开怀大笑起来！

随后，谈判进行得相当顺利，英国如愿得到了美国的支持和帮助。也许就是因为丘吉尔那句话，使得此次谈判变得如此轻松和顺利。

成功课堂

丘吉尔机智的一句话，不仅化解了尴尬，同时因为坦诚又拉近了他与美国总统的距离，达到了事半功倍的效果。真诚、坦率和机智是每一个青少年在生活中的必备武器。

疯子的自白：呆呆做人，聪明做事

有位心理学教授，为了更好地做学术研究，决定到疯人院了解体验一回。他从疯人院出来，感慨万千，既同情又可怜这些疯子。

当教授想开车回家时，发现车胎少了一个。他非常郁闷，心想：疯子还真聪明，轮胎都给我卸了，可是现在我怎么回家啊！没办法，他只能使用备胎，可他一颗螺丝钉也没有，这下真不知该怎么办了。这时，一个疯子兴奋地跑了过来，呆呆地问他："你干吗站在这里？"教授像是自言自语似的，把事情告诉了疯子，他根本就没指望疯子能帮他。可是，疯子突然笑了起来，呆呆地说："我会装。"疯子在每个轮胎上各取下一颗螺丝，这样就有了三颗螺丝，随后便将备胎安了上去。

教授看到大为惊讶，非常感激地问："你怎么会想到这个好方法？"疯子无所谓地说："我又不傻！"

成功课堂

也许有人在某方面是欠缺的，但我们也不能就此忽视他们别的能力，也许只是他们的思维方式与我们不同罢了。“呆呆做人，聪明做事”是青少年做人做事重要的准则之一。

亚历山大的军衔：宽容的优秀品质

亚历山大大帝是一个性情温和的人，爱好骑马与旅游，为了更真实地了解民情他有时也会打扮成普通百姓。

一天，他来到俄国西部一个小镇上，这次他没有骑马而是徒步旅行。从旅馆出来后，由于走得太远而迷了路。这时，他看到有个军人在不远处休息，便高兴地向那人走去，很谦卑地问道：“朋友，去旅馆的路怎么走？”军人嘴叼大烟斗，头一歪，十分藐视地打量着大帝，随后很不屑地说：“向右走！”大帝微笑着说：“谢谢。那你能告诉我大概还要走多远吗？”军人很不耐烦地说：“一百步。”大帝笑了笑，本想离开，可他又停了下来，问道：“朋友，我还想问你个问题，可以吗？”军人十分鄙视地看了大帝一眼，十分不情愿地说：“有事快说！”大帝问：“我想知道你是什么军衔，可以告诉我吗？”军人向大帝脸上吐了口烟，不屑地说：“你猜啊！”大帝回答：“中尉？”军人没说话，大帝又说：“上尉？”军人骄傲地说：“再猜！”“你是少校？”大帝惊讶地问。军人把头高高昂起，很骄傲地说：“是的！”大帝微笑着向他敬了个礼。

这时，这个少校像是在询问下属一样，高傲地问：“你不介意告诉我你的军衔吧？”大帝笑呵呵地说：“那你也猜猜吧！”

“上尉？”

“不是！”

“难道你也是少校?”

“再猜!”

这时,少校已经把嘴上的烟斗拿了下来,仔细打量了对方一会儿说:“你是部长或军长?”

“就要猜到了。”大帝微笑着说。

少校已经脸色发白,很小心地说道:“您,是陆军元帅吗?”

大帝回答说:“少校,你再猜一次。”

只见少校扑通跪在了地上,浑身发抖,头都不敢抬,语无伦次地说:“我的陛下,请您饶恕我吧！求求您,您一定要饶恕我！饶恕我吧！饶恕我吧！……”

“你怎么了,我的少校?”大帝依然面带微笑,“你有什么错吗?我问你路,你告诉了我,我应该谢你才对啊!”

成功课堂

宽容会使我们永远阳光,宽容会使我们更容易亲近,宽容会让我们的朋友越来越多。学会宽容,做一个有品位的人,不论我们身处在怎样的社会角色,有了宽容会使自己的路越走越宽,越走越远,越走越顺。

幼年华盛顿:诚实更重要

乔治·华盛顿是一位伟大的领袖,是最受美国国民爱戴的总统。虽然他出生在富有的家庭里,但是他依然带领人民进行了独立战争,从而使美国摆脱了英国的殖民统治。经过艰苦的奋战,最终独立,才有了现在的“美利坚合众国”。

小时候的乔治非常淘气。一天,他正和小伙伴在屋外玩耍,就听他的父亲很生气地喊道:“樱桃树是谁砍倒的?是谁?”

乔治脸色惨白，停止和小朋友们玩闹，惊慌地站在那里。

“乔治，你怎么了？难道这事与你有关？”父亲不断地追问。

他深吸一口气，直视父亲说：“爸爸，这树确实是我砍倒的。”

父亲听到后，非常惊讶地问：“为什么？你明明知道我很喜欢这棵树。”

“因为我见那把斧头磨得那么亮，就想看看它到底有多锋利，结果没砍几下树就倒了。”

“你没脑子吗？这能试吗？你不知道这样做我会很生气，而且还会打你吗？”父亲愤怒地说。

“爸爸，我现在知道错了。可是我不能因为害怕而撒谎，那样就更不对了，是吧？”

父亲看到儿子真诚的眼神，气马上消了，高兴地说：“对，孩子你说得很对！听到你说这句话我很高兴，就算是你把所有的树砍倒了，我也不生气了，因为你很诚实。”

事后，父亲还把那把斧头送给了乔治，以示奖励。

成功课堂

华盛顿因一时淘气而砍了父亲栽的樱桃树，在父亲的追问下承认是自己干的。其实，每个人在成长的过程中都会犯或大或小的错误，只有那种敢于承认自己的错误，并勇于改正的人，才能在日后成为了不起的人物，因为诚实是人最宝贵的品质。

依靠自己：求人不如求己

法国著名作家大仲马，想必大家都听说过，他的代表作有《三个火枪手》《基督山伯爵》等，还有很多脍炙人口的著作。他的儿子小仲马，大家应该也有所耳闻，小仲马同样也很喜欢文学和写作，但在成名之前，寄出的书稿基本是全被退回。大仲马偶然知道了这件事，就对小仲马说："你可以在书稿署名上写'我是大仲马的儿子'，也许情况会改变。"然而，小仲马并不接受父亲的建议，他大声地反驳道："不，我不需要依靠您！我一定要靠自己的实力，得到编辑们的认可和读者的欣赏。"

小仲马依然专心写作，并且给自己起了很多笔名，就是不想让别人知道自己是大仲马的儿子。虽然稿子还是一篇篇地被退回来，可是小仲马依然坚持写作，而且越挫越勇，不断有新的灵感出现。当出版社收到他的新作《茶花女》时，一位经验丰富的编辑完全被他巧妙的构思和完美的文笔所折服，当他想和此书的作者见面时，发现地址竟然和大仲马家完全一样。他和大仲马交情很深，所以他敢肯定这不是大仲马的写作风格。因此，更增加了他对此书作者的好奇心，当天下午他就去了大仲马家。在了解了情况后，这个编辑很疑惑地问小仲马："你为什么不用你的真名呢？"小仲马认真地回答说："我怕你们只注意到我是大仲马的儿子，而忽略了文章本身。我想让你们真正认同我的文章。"

很快，《茶花女》出版了，而且在法国文坛上引起了不小的轰动，其作品已经超越了《基督山伯爵》，很明显他已经用实力证明了自己，他并不需要父亲的帮助，也能实现自己的梦想。从此，小仲马声名大振，成为法国文学史上不可忽视的大作家。

成功课堂

俗话说，"求人不如求己"。依靠别人总不是长久之计，想要在社会上立足，只有依靠自己。只要自己有了真本事，早晚都会被社会认可，不然也只能是昙花一现，终会被社会遗忘。

一村菊香：学会分享

有位母亲很爱花，一天，她特意从山上采来一些野菊花，满心欢喜地种在院子里。经过母亲细心的照料，第二年的秋天，菊花开满了院子。母亲满意地看着一院子的菊花，好像看到自己的孩子一样，温柔而慈祥地笑了。

因为香味怡人，不久就有很多村民前来观赏，并且都很羡慕母亲这一院的菊花。渐渐地有人开始向母亲要菊花，他们也想种在自家院子里，母亲痛快地答应了。可是来要菊花的人越来越多，没几天，院子里一棵菊花都看不到了，引来了女儿强烈的不满，抱怨母亲说："为什么要给他们？看，现在一朵花都没有了，香味也闻不到了。"

母亲慈爱地摸了摸女儿的头发，和蔼地说："以前是满园香，这样两年后就是满村香了，孩子你懂妈妈的意思吗？"

女儿恍然大悟，高兴地冲母亲点了点头。

成功课堂

我们应该学会把美好事物与人分享，让旁人都能感受到这种幸福。只有大家都幸福了，自己才是最幸福的。

辗转的回报：好人终有好报

天色已晚，麦克开着破旧的汽车，在乡间小路上缓慢行驶着。麦克生活在美国中西部一个不知名的小镇上，这里的生活节奏就像他现在的车速一样非常缓慢。他现在正为生计发愁，因为之前

工作的厂子倒闭了，到现在也没有找到一份稳定的工作，但他依然对生活充满了热情。天渐渐暗了下来，车外似乎还飘着雪花，使他感到有些寒冷。

在这里，麦克已经没有多少朋友了，他们大多为了理想、为了家庭去了大城市。可是，麦克留了下来，因为留恋，因为这里有他太多的回忆。他就出生在这里，父母也安葬在这里，最主要的是他的家也在这里。对于这个小镇他再熟悉不过了，他可以闭着眼为你指路，而且是最便捷的一条路。雪越下越大，他不得不加快车速。

前方不远处，蜷缩着一位老太太 ，她倚靠着一辆奔驰车，也许是冻僵了，她一动也不动，两眼无助地望着前方。这时，麦克在她的旁边下了车，关切地向老太太走去。老人用警惕的眼神看着他，他笑了笑说："我叫麦克，您不要紧张，我只是觉得您现在很需要帮助，是吧？"老太太没有说话，只是一直看着他。他把老人扶了起来并让她坐进自己的车里，外面实在太冷了，车里还能暖和些。

麦克发现老人的车只是车胎爆了，并没有大问题，当然这对于一位老人来说已经是个大问题了。麦克拿来备胎帮老人换上，在这期间，他在车下爬进爬出非常辛苦，也许老人看出他是真的要帮助自己，于是放下心来，告诉他自己从城里来，路过这里车坏了，等了很久也没有人来帮助她。车胎换好了，老人看着满身油污、疲惫不堪的麦克，感激地说："谢谢你，先生，我需要付给你多少钱？"麦克摇了摇头示意不需要给钱。老人见状说："那我应该怎样感激你呢？如果没有你，我真的不知道什么时候才能回家。"麦克微笑着说："那当您见到有需要帮助的人，您也去帮助他，只要那时能想到我就行了。"麦克让老人先走，等她的车开远了自己才重新上路。虽然工作还是没有找到，但刚刚帮助了老人让他的心情好了很多，一直到家他都很高兴。

老太太的车开了没多久，就在一个简陋的小饭店门口停了下来，她想进去吃点东西再上路。这家小店虽然简陋，但收拾得十分干净。一进门就能看到一台古老的、锈迹斑斑的收银机，应该是很久都没有用过了吧。屋内的光线很昏暗，以致女服务员已经走到面前她也没有发觉。当服务员拿着菜单放在老人面前时，老人才仔细地打量起这位女服务员：她应该已有八个月的身孕了，可为什么还要工作呢？这时，服务员微笑着说："您需要吃些什么？"老人顿时觉得这笑容是那样的熟悉，她想起了麦克。点了菜吃饱后，老人给了服务员一百美元，准备付账走人。等服务员找钱回来时，发现老人早已开车走远了，她看见桌上有张纸条，上面写着："这些钱，是我送给即将出世宝宝的礼物，你安心收下吧。我曾经也有窘迫的时候，别人也曾慷慨地帮助过我。如果你想感谢我，就请存有一颗友爱的心。"在这张纸条下面还有三百美元。服务员激动地流下了泪，因为她确实非常需要钱，孩子即将出世，而自己还没有攒够孩子的奶粉钱。

回到家，女服务员高兴得难以入睡，她想把这件事告诉丈夫，可是丈夫已经睡着了。知道丈夫在外面非常辛苦，她不忍心叫醒他。因此，只是温柔地看着丈夫，小声地说："我爱你，麦克，我们一定会好起来的！"

成功课堂

无论我们处境怎样，都要保持一颗友爱的心，帮助别人也就等于帮助自己。不要只看到眼前的得失，只要你有一颗善良的心，好运迟早会来到你的身边。

第二章　不断学习，求知识，增力量

学习是迈向成功的通行证。无论在何时何地，我们都要不断地为自己“充电”。只有那些随时充实自己的人，才能在竞争激烈的环境中生存下去。培养自己不断学习的能力，我们会离成功很近。

先看清题目：请认真、仔细些

有个自以为聪明的考生去参加考试，试卷刚一发下来，他快速地看了一遍，只见试卷的上端写着“请先看完所有题目之后，再开始作答”几个字，接着是一百道是非题。他想，以他的速度，差不多三十分钟就可以搞定，于是便自顾自地动笔写起来。

两分钟后，考场里有个考生面带微笑地交卷了，这个自以为聪明的考生在一旁偷笑，小声地说：“交白卷的差生！”

又过了五分钟，又有七八个人交卷了，居然也都面带微笑，一点也看不出交的是白卷，这时这个考生看见自己只答了二十几道题，于是便低下头来继续答题。

等到这个自负的考生答到第七十六题时，他发现题目写着“本次考卷考生不需要写答案，只要签上姓名就能得满分，多答一题则多扣一分”。

这个考生一脸疑惑地举起手来，试图让监考老师帮他解决心里的疑问。与此同时，他看见考场里有不少人都像他一样困惑，他们在那里左顾右盼。

这个自负的考生低头看见，自己的试卷上端赫然写着：“请先看完所有题目之后，再开始作答。”他开始懊悔了，恨自己为什么不把试卷全部浏览一遍再答题。

成功课堂

漫漫人生路，与以上故事类似的“插曲”有很多。自以为是，这是大多数人都会犯的错误，尤其是在我们学习的过程中，“认真”“仔细”这两个好习惯是我们必须养成的。

师徒之争：一定要坚持真理

在英国，有位德高望重的音乐大师，拜在他门下的学生数不胜数。奥利斯也很崇拜这位大师的才华。

十五岁那年，奥利斯也拜了这位有名的音乐家为师，他在学习上很刻苦也很用心，因此大师很喜欢他。一天，大师把和奥利斯水平差不多的学生叫到了一起，高兴地对学生们说：“老师今天给你们完整地弹一首曲子，这首曲子你们都已经练习过很多遍了。”说完，大师就开始弹奏。弹完后，学生们都被大师高超的技艺所折服。可是，当学生都在称赞大师的时候，奥利斯却发出了不同的声音，他对大师说：“您弹得十分优美，我们都很敬佩您。可是我不得不说，您有一个音节弹错了。”随后，学生们都安静下来，用诧异的眼神看着奥利斯。就在这时，大师嚷道：“你刚学几天啊，就来挑我的毛病，你还想不想跟我学了！”奥利斯不慌不忙地说：“老师，我是刚来的新生，而且弹得也不是太好。但是，我能肯定，您刚才真的是弹错了。”大师站了起来，极其蔑视地说：“是你自己走出去，还是让我把你轰出去，你自己选吧！像你这

种自大的学生我不想要。”奥利斯依然站着不动，而且很严肃地说：“我是真心想跟老师学习，可您也不能歪曲事实啊！错了就是错了，我会一直坚持的！”大师被他气得满脸通红，横眉怒目，有的学生被吓得浑身哆嗦，胆大一些的就在一旁小声劝说：“奥利斯你快别说了，我们都没听出来，你又怎么敢肯定是老师错了，也许是你听错了呢？”奥利斯说：“我敢肯定我没听错。”话音刚落，就听见一声巨响，原来是大师把钢琴踹倒了。大师气愤地说：“你给我滚出去，不要让我再看到你！”奥利斯见状，立即跪下了，可依然不承认是自己错了。

这时，同学们都以为大师会打他，可没想到，大师居然笑了，而且笑得很灿烂。接着，大师把奥利斯扶了起来，和蔼地说：“能教出你这样的学生我很欣慰，希望你永远都能这样坚持。”然后，大师对全体同学说：“我刚才是真的弹错了，只不过是想考考你们。遗憾的是，只有奥利斯一人听出来了，希望大家以后能向奥利斯学习，既刻苦又能坚持真理。”

成功课堂

学习是相互的，再优秀的人也会有失误的时候。不要盲目崇拜谁，学习既要用心又必须严肃。不论在谁的面前，都要坚持真理，只有这样才能真正学到知识。

婶婶的话：多学点一定错不了

史怀哲是20世纪划时代的伟人、著名学者、人道主义者，具备哲学、医学、神学、音乐四种不同领域的才华。史怀哲曾经说过，“要时刻记住只有辛勤的劳动才能得到成功”。

其实，史怀哲能够进行多领域的学习，主要得益于他婶婶的一句话。史怀哲十岁的时候，转学到离他叔父家很近的基姆休姆学校。转学原因有两个：一是他的叔父是这所学校的校长；二是他叔父没有孩子，婶婶也很喜欢他，想让他长期住在自己家。

史怀哲的叔父是一个很严厉的人，使得史怀哲的学习和生活都很有规律。例如，他每天必须要练两次琴，即早晚各一次。然而，当时的史怀哲毕竟还是个孩子，很贪玩，自然很反感这种管束。每当史怀哲不想学习时，慈爱的婶婶就会对他说："亲爱的孩子，也许你现在觉得学这些很无趣，但或许对你的以后会有帮助。就算是用不上，多学点也一定错不了。"

婶婶的话果然是对的，因为学习钢琴陶冶了史怀哲的性情，也成为他休闲和减压的最好方法。史怀哲曾获得过诺贝尔奖，他不仅在西方家喻户晓，就是在全世界也享有崇高的声誉。

成功课堂

人就是在不断学习中成长起来的，想要成功就要多领域地去学习，多学一点就能使你在成功的路上更顺利一点。成功其实就是不断学习、积累出来的经验。

学外语的老鼠：多门技艺多条路

憋了一天，终于盼到天黑，老鼠妈妈带着一群鼠宝宝开始行动了。饥饿的他们开始在厨房里乱窜，希望能快点找到新鲜可口的食物，鼠妈妈也尽力地帮鼠宝宝寻找着。

不幸的是，声音过大，把熟睡的大花猫吵醒了。只见它愤怒地大叫了一声，迅速地向小老鼠的方向跑去。这可把小老鼠们吓坏了，它们一边叫着妈妈，一边没头没脑地乱跑。眼看大花猫就要把小老鼠吃掉时，突然传来一阵猎犬的狂吠声，吓得大花猫顿时乱了方寸，飞一般地逃跑了，哪还顾得上吃老鼠啊！原来是鼠妈妈急中生智学狗叫，这才赶走了大花猫。

鼠妈妈把宝宝们聚集在一起，安慰他们说："孩子们别害怕，我们已经安全了。"等到孩子们平静了些，鼠妈妈又说："经过这件事你们能够知道，拥有一技之长是多么重要了吧？那么，以后都要乖乖地跟妈妈学习才行，不能再偷懒了！听见了吗？"小老鼠们乖乖地点了点头，又继续去找吃的了。

成功课堂

拥有一技之长很重要。要知道，现在的社会需要的是综合性人才，也就是说不能只掌握一种技能，其他的技能我们也要略知一二，尤其是有利于我们独立生存的技能，必须学会。技多不压身，不要等到用的时候才后悔，那时想学也晚了。青少年朋友们，让我们现在就行动起来，开始用知识武装自己。

小熊的悲哀：学习的目的在于运用

在繁茂的森林里，有一只笨笨的小熊，它很想变得聪明些，于是就去找聪明的狐狸讨教。它问狐狸："您能告诉我，怎样才能变得像您一样聪明吗？"狐狸骄傲地说："我天生就很聪明，如果你也想变得聪明，就要向别人学习，再把知识都记下来。"小熊听后，高兴地走了。

从此，小熊开始向其他的小动物学习，把学到的东西都记在了本子上。时间久了，它学到的东西也越来越多，本子也越来越厚，它高兴地跑去向狐狸炫耀，说："您看我已经学到了这么多的东西，现在我肯定比您还聪明。"狐狸说："那你和我说说，本子上都记了些什么？”小熊挠了挠头，说：“我没记住，等用的时候再找不就行了？”狐狸微笑着说：“你还真是笨，等用的时候还有时间找吗？”狐狸无奈地走了。小熊到了独立的年龄，父母不再管他了，可小熊连吃的都不会找。最后，狐狸在一个山洞里看到了它的尸体，它依然抱着写满知识的本子，可还是被饿死了。

成功课堂

知识不仅要总结在本子上，最重要的是要记在脑子里。学习的目的就是要为己所用，学到了不会用，看再多的书也是白用功。理论谁都会总结，实践才能证明你的实力。

小狮子学艺：要明确学习对象

在广袤的森林里，所有的走兽都尊称狮子为大王。这天，狮王喜得一子，走兽们都很高兴，并对它们未来的大王抱有很高的期望。当小狮子满一岁时，狮王请了森林里所有的动物来它家吃饭，一个目的是为庆祝小狮子生日，另一个目的就是想借这个机会，让大家帮忙为小狮子选一个适合的老师。

吃完饭后，狮王说：“我的儿子在不久的将来，就要继承我的王位，它必须拥有王者应该具备的所有本领。今天叫大家来，就是希望你们能为我儿子选出一位优秀的老师，辅助它顺利地坐上狮王的位子。”这时，动物们七嘴八舌议论开了：有推荐狐狸的，说它是森林里最聪明的动物；有选豹子的，因为它富有军事才能，英勇能干，又非常敏捷；甚至还有选鼹鼠的，赞扬它干事细心谨慎。推荐还在继续，狮王却听不下去了，因为没有一个是它满意的。狮王无奈地说：“谢谢大家积极地帮助我，可是，你们说的我

一个都不喜欢。狐狸是说谎大王，鼹鼠是鼠目寸光，豹子是有勇无谋，还有其他的动物，缺点就更多了。作为未来的王者，是不能有一点瑕疵的。所以，还请大家再仔细想想，选一个完美的动物来做小狮子的老师。”动物们都沉默了。这时，和狮王从小玩到大的老鹰说话了。老鹰说：“如果你们还是选不出来，不如让我来当小王子的老师吧。”听到老鹰的话，狮王眼睛一亮，说：“老鹰是鸟类的国王，它一定具有王者的头脑，我认为选它很合适，不知诸位还有什么意见？”动物们看到狮王都同意了，自己再说无用，于是异口同声地说：“没意见。”

当天，小狮子就被老鹰接走了。由于想念儿子，狮王只要见到会飞的动物就问：“我的儿子现在怎么样了？”所有的飞禽都回答说：“它真的很棒，我们都很喜欢它！”狮王很高兴，心里暗想，以后的森林一定会因为我的儿子而更加繁荣安定。

一晃，两年过去了，老鹰带着小狮子回到了狮王家。狮王见到了日夜思念的孩子热泪盈眶，对小狮子是又抱又亲。因为高兴，狮王决定晚上大摆宴席，来祝贺小狮子顺利毕业、学成归来。在宴席上，调皮的猴子对狮王说：“我们都很想知道，未来的大王这两年都学了些什么，让它给我们说说吧。”狮王骄傲地说：“没问题！”接着，它就把儿子叫到了身边，对小狮子说：“孩子，给它们讲讲吧，让它们也学习一下。”

小狮子兴奋地说：“我学到的知识，你们这些走兽还真是不懂。我知道了飞禽们是如何筑巢搭窝，如何喂养幼仔。它们的各种生活习性我都了解，而且我只要听叫声就能辨别出这是什么鸟。还有好多好多呢，一时也说不完，不如你们现在就考考我。”可身边的狮王已经完全僵住了，它现在才醒悟，自己千挑万选结果还是选错了老师。在座的走兽们都开始为森林的未来担忧，因为小狮子根本没有学到自己需要的知识。

成功课堂

不是所有的优秀者，都是自己的学习对象。要先认清自己需要什么，适合什么行业和领域。就像小狮子向老鹰学习，学得再好也没用，因为那些本领根本不适合它，在生活中也不可能用到。盲目地学习，到最后只能是一场空，还浪费了宝贵的时间。

鲸鱼的绝技：微小的进步

在某海洋公园里，有一条优秀的大鲸鱼。别看它已经八千六百多公斤了，只要是其他鲸鱼能完成的动作它都可以完成。尤其是它还有个绝活，一次能跳出水面六点六米。因为这绝活招来了很多观众，有人不禁佩服地问它的饲养员："你们是如何训练这只大鲸鱼的，难道它有什么特别之处吗？"

饲养员摇了摇头说："其实，它和普通鲸鱼一样，只是我们训练方法选对了而已。我们用的是循序渐进的方法，刚开始我们是把绳子放在水面之下的，再逼着它从绳子上通过。只要通过就会奖励它，为的是让它对这项运动产生兴趣。然后，每经过一段时间就会把绳子提高一点，大概只有一两厘米吧。但只要跳过去我们都会奖励它，所以它对这项运动的兴趣越来越浓。就这样我们不断拉高绳子，随着绳子的提高它跳得也就更高了。持续了好几个月，突然有一天，我们发现它竟然能跳到六点六米了。现在我们还在用这种方法训练它，希望它能跳得更高。"

成功课堂

其实，学习又何尝不是如此呢？只要每天都能有一点点进步，日积月累就会有显著的提高。学习贵在坚持。

差生童第周：学习必须勤奋

我国著名生物学家童第周先生在刚上中学时，学习成绩很差，一学期下来平均成绩只有四十五分。他学习不好的一部分原因，是由于很多课程在以前的学校没有学过，又加上这所教会中学对各个学科的要求极其严格，以至于他的学习成绩很不理想。有的同学因此笑话他，甚至有人说他只配回家种地，这让少年童第周很受打击。

当时，童第周确实也有了退学回家的打算。当真的要走时，班主任却对他说："孩子，你就这样放弃了吗？你扪心自问，是真的努力了吗？老师认为你是个很有潜力的学生，所以希望你能再给自己一次机会，我相信你有能力学好。"

听了老师的话，童第周感到充满信心。第二学期一开始，他就要求自己利用一切时间去学习。童第周是学校里起得最早、睡得最晚的学生，不论是炎热的三伏天，还是寒冷的三九天，他一直保持这种状态。学校的老师和同学都被他这种精神所感动，并积极地为他创造学习条件。就这样，在第二学期的期末考试中，他以平均七十分的优异成绩，回馈给那些帮助过他的老师和同学。大家也由衷地为他感到高兴，那些曾经嘲笑过他的同学也开始敬佩他了。

在之后的学习中，童第周依然如此勤奋。在二十八岁那年，童第周作为复旦大学的高材生，凭借优异的成绩被送到了比利时继续深造，最后成为了著名的生物遗传工程专家。

成功课堂

青少年朋友一定要记住，勤能补拙，学习必须勤奋。只有这样才能实现自己的理想，从而成为被人们尊重、对社会有用的人才。

品尝之后：学习要靠眼睛

炎热的一天，某高校的化学系教授，正在为他的学生们上本学期最后一堂课。因为要放假了，学生们都有点心不在焉。

讲台上的教授手中拿着一根试管，试管中有半瓶不明液体。同学们都在议论，上实验课为什么不到实验室去？教授让同学们静一静，面带微笑地说：“同学们，想要学好化学，就要敢于尝试别人不敢做的事。今天我们就来尝尝尿液，不过你们要仔细观察我的每一个动作，如果谁的动作和我不一样，那么这个学期他的化学就毕不了业。”说完，教授就把手指伸进了试管里，当他想要放进嘴里的时候，同学们都嫌弃地把头转到了一边，就在这时教授的手指做了一个微妙的动作，可惜同学们谁都没有看见。

接着，教授就让学生们到讲台上亲自尝试。男同学还能硬着头皮、闭着眼勉强完成教授的要求，可女同学就不行了，她们被逼得都要哭了，可教授还是要求她们必须品尝尿液。没办法，女同学流着泪把沾有尿液的手指放进了嘴里，完成了教授的要求。

之后，教室里怨声连连，但想到这样就不用参加考试了，同学们也就都忍了。突然，教授气愤地说：“你们这学期的考试，没有一个人能通过！全班补考！”同学们都用气愤和不解的眼神看着教授，但又不敢问为什么，因为教授真的非常生气。教授摇了摇头，严肃地说：“你们太让我失望了。学习化学必备的基本条件就是要学会观察，可你们都不具备这个条件，我怎么能让你们毕业？”

“我刚才是用中指伸到试管里的，可我放进嘴里的是我的食指。而你们呢？”

此时，学生们个个面带愧疚，低着头没有一个人敢直视教授。

教授无奈地说：“亲爱的同学们，学习知识不仅要用心，还要用眼啊！眼睛是心灵的窗口，眼睛不打开，又怎么能用心学习呢？我

们研究化学，必须要学会观察，每一个细节都是至关重要的，希望你们能因今天的课得到教训。”

成功课堂

眼睛是学习最快捷的通道。然而，人们常常只注意用心，而忽略了眼睛的作用。其实，眼睛观察到的细节是你成功的关键。

雄鹰之志：利用闲暇时间学习

从前，在贵族书院里，有一名叫吴畏的杂工。人们都认识他，因为他只干活不要钱。所以，经常有人说他傻，哪有干活不要钱的，可吴畏只是笑笑并不理会。

吴畏十几岁就来这里干活，因为勤奋伶俐，这里的校长很喜欢他。吴畏每天天不亮就起床，别人干一天的活他一上午就能干完。有人就问他：“你这么着急，干什么去啊？”他高兴地说：“我去听老师讲课，只要干完活就能听课了。”那人又说：“你再怎么努力也没用，你肯定考不上状元。”他笑得更灿烂了，说：“我相信自己。”

原来，吴畏很爱学习，可是家里穷没钱交学费，所以他就想在书院干活充当学费，供自己上学。吴畏学习非常刻苦，虽然每天最多只能上半天课，但他的学习并不比那些富家子弟差。虽然那些公子哥经常嘲笑他说：“雀鸟也立雄鹰之志？”可是，吴畏并不在意，依然努力学习。

就这样，十多年过去了，吴畏终于等到了进京赶考的日子。他果断辞去工作，带着自己省吃俭用攒下的钱，前往京城赶考。皇天不负有心人，吴畏最终考上了，而且还是第一名，而那些曾经笑话过他的公子哥却一个个名落孙山。吴畏用实际行动证明了自己，同时也博得了全乡人的赞赏和敬佩。

成功课堂

只要意志坚定，没有什么不可能。学习也是这样，利用一切时间去学习，不怕苦不怕累，最终成功的一定是你。

睡懒觉的猫：关注身边的事物

很多科技都是在不经意间，受到某些事物的启发而得到的，就像牛顿的万有引力，是因为苹果；斐塞司博士的日光疗法，则来自猫给他的启发。

那天，斐塞司博士悠闲地站在阳台上，一边欣赏风景，一边喝着刚煮好的咖啡，很是惬意。这时，一只漂亮的大花猫出现在他的视线里。也许是刚吃饱吧，大花猫优雅地躺在楼下的花池边，尽情享受着阳光给它带来的温暖。大花猫的到来，使斐塞司感到生活的美好，他开心地笑了笑，继续喝着咖啡。随着时间的推移，大树遮挡住阳光，大花猫很不情愿地伸了个懒腰，站起来走到阳光下，接着享受温暖。猫的一系列动作被斐塞司看到了，他就想猫为什么要追着阳光走呢？也许是因为阳光对猫有益，那么在某些方面对人类也应该有益。

斐塞司回到屋里，开始深思阳光、猫、人之间的关系。日光疗法渐渐出现在斐塞司的脑海里，经过他长期不断的研究和实验，日光疗法终于试验成功并被广泛应用。其实，那些动作也许是猫的本能反应，但被斐塞司看到了，就有了意想不到的价值。

成功课堂

很多成功人士，都是从身边的小事中得到灵感，经过不懈努力，最终为社会做出了伟大的贡献。不要忽视身边的事物，也许成功的机会就在这里。细心观察生活，它会在不经意间给你惊喜。

音乐大师：学习要像蜜蜂采蜜

著名音乐大师巴赫，想必大家早有耳闻。巴赫对音乐的狂热，使他的一生都在研究和学习音乐中度过。就是现在，还是会有很多音乐学者向他学习，并把他视为偶像。

巴赫音乐方面的天赋，在他很小的时候就已显露出来。因此，很多音乐会都会邀请他去参加，这使得少年时期的巴赫非常骄傲。他的恩师奥尔格·佰姆也很欣赏他，但巴赫高傲的心态令他很担心。

这天，奥尔格·佰姆担心的事还是发生了。巴赫不想再学习音乐了，他觉得自己已经很棒了。奥尔格·佰姆见状，严肃而耐心地对他说："孩子，你要记住学习是永无止境的。你在音乐方面确实很有天赋，但这不代表你是完美的，你依然需要汲取别人的长处，经过自己的推敲，把别人的优点变成自己的。就像蜜蜂采蜜一样，既要广又要深地去学习才行。不能因为现在的成绩，就骄傲自满停滞不前。你看蜜蜂它只要活着，就会不停地采蜜。你也一样要坚持不懈地学习，才能使自己变得完美。"巴赫听后，羞愧地低下了头，诚恳地对老师说："老师我知道错了，您开始给我上课吧！"

从那以后，巴赫再也没有偷过懒，每天都会勤奋地学习音乐。经过多年虚心的学习，巴赫汲取了多位音乐学家的优点，以此来完善自己，终于成为音乐界的一代名师。

成功课堂

学习要像蜜蜂采蜜一样，勤奋、广泛和深入地向优秀的人学习，只有这样才能使我们变得更加优秀。

驾船爱好者：学习贵在坚持

古时候，有个叫韦林的男子，非常喜欢游山玩水，而且，他极其羡慕那些可以自己驾船出去游玩的人，认为那样可以和山水融为一体，感觉更惬意，便想学习驾船。

这天，有位朋友给韦林介绍了一位老船长，此人以打渔为生，只因年岁已高腿脚不便，想找个接班人。韦林听后非常高兴，既能挣钱还能游玩，他立即表示要做老船长的徒弟，老船长看韦林既年轻又有诚意便同意了。

韦林的悟性很高，头脑也比较灵活，没几天，驾驶渔船的基本要领就熟练掌握了。老船长很高兴，他认为自己没有看错人。韦林也很高兴，相信自己很快就能驾船出去游玩了。就这样，又过了半个多月，在老船长的协助下，韦林可以自己驾船了。老船长因此经常夸赞韦林，这使得韦林有点骄傲，认为自己已经不再需要老船长了。这天，韦林对老船长说："师傅，您觉得我学得怎么样？"老船长笑呵呵地说："嗯，不错！你学得很快，我对你很满意。"韦林兴奋地问："那您说我能独立驾驶了吗？"老船长想了想说："最好再跟我练习几天。"韦林听后有点失望。

结果第二天，老船长临时有事，没时间教他，就说给他放假一天，然后匆匆离开了。韦林闲来无事，心想：我自己试试吧，应该没什么问题。就这样，韦林偷偷把船开了出去，他先在水流较缓的河

道里练习了几个时辰，感觉还不错。接着，他就向水流湍急的下游驶去了。下游他从没来过，看到如此美丽的景色，他十分陶醉。然而，下游不仅水流湍急，而且河水下还有时隐时现的暗礁，处境非常危险。就在他欣赏风景时，船突然失去了控制。这时他才发现眼前就是漩涡，韦林根本没有这方面的经验，立即慌了神。然而，事已至此，一切都晚了，不到几分钟的时间他和船都没入河水中，失去了踪迹。

成功课堂

生活中，有很多像韦林这样的年轻人，学得一知半解便自认为全会了。然而，学习是件长久的事，不论是知识还是技能，都不可能一朝一夕就能学会，不懂得持之以恒的人必犯大错，到最后只能害了自己。

父子手艺人：保持谦虚的态度

曾经，有一位以卖泥人为生的男子。他的手艺还算不错，每天都能把前一天做的泥人全卖光。在他所住的村庄，可以算得上是家喻户晓的人物。又因他为人和善，人们都喜欢买他的泥人。

男子结婚后不久，生了个大胖小子。孩子也很聪明，三岁时就开始跟父亲学做泥人。儿子的手比父亲的手还灵巧，在他十多岁的时候，捏泥人的手艺就已经可以和父亲相媲美了。十八岁那年，父亲开始带着他一起卖泥人。家里的生意更火了，日子也一天天富裕起来。儿子经常受到乡亲们的夸奖，可父亲总是能挑出毛病来，从没夸过儿子。儿子很乖，一直虚心地向父亲学习，从来不抱怨。渐渐地，儿子的手艺超过了父亲，他的泥人卖到了三块钱，而父亲的只能卖两块钱。儿子的泥人虽然贵，可还是有很多人来买，父亲依旧在挑儿子的毛病，不是眼睛大了就是手臂短了，儿子仍然虚心接受，不断改进。又过了好多年，儿子的泥人从三块钱一直涨到了十块钱。然而，不论多贵依然是供不应求，儿子的名声随着手艺的提高越来越大了。可父亲依旧不满意，总是说他的泥人问题很多。

这天，儿子不耐烦了，很不高兴地对父亲说："我的泥人已经卖到了十块钱，而您的依然是两块，您为什么还说我的不够好？我认为这些泥人已经很完美了，您不要再挑我的毛病了！"父亲听了儿子的话，转身回到卧室，一连好几天都没有出屋。儿子来到父亲的门前说："爸，您出来吧，有话您就说，我知道错了。"这时，父亲打开了门，满眼泪花地对孩子说："我的孩子，手艺是在不断地找问题中练出来的。许久以前，我就是因为满足，手艺才没有长进，直到现在也只能卖两块钱。所以，当我听到你说的那些话，非常伤心，因为你的泥人从此只能卖十块钱，再也不能升值了。"

儿子这才恍然大悟，是自己辜负了父亲的良苦用心啊！

成功课堂

虚心使人进步，不论你有多大成就，依然不是最完美的。只有不断发现自己的不足，不断去改进和完善，才能不断进步。学习必须具备谦虚的心态和坚强的毅力！

奥运冠军的经验：向成功者学习

在一次记者招待会上，有一位记者问鲍勃·查尔斯："请问，您这次能拿到奥运会的金牌，有没有什么经验和大家分享？"

鲍勃·查尔斯微笑着说："每个成功者背后，都会有很多帮助过他的人，所以成功并不只属于我一人，经验也是大家一起得来的。其实，在我们体育界里，都是互相帮助，共同进步的。我虽然是从事体育运动的，但也经常参加各种商业座谈会。在那里会有各行各业的精英，倾其所有地告诉你各种经验。我就将其商场上的经验用在体育赛场上。其实，不论哪个行业，只要学会把经验转化，将其用在自己的身上，那么你就离成功不远了。”

记者又问：“那对您最有帮助的人是谁呢？”

鲍勃·查尔斯激动地说：“那真是数不胜数啊！一时半会儿也说不完，我就选近期的事，举例说明吧。曾经我想打破德屈·渥门丹的纪录，但努力了很久，还是差他三厘米。我因此非常苦恼，可一直也找不到原因。最后我鼓起勇气，给德屈·渥门丹打了个电话，向他诉说了我的苦恼。德屈·渥门丹非常痛快地说他可以帮助我，当时我非常激动。在德屈·渥门丹的指导下，我仅用了三天，就成功地增加了八厘米。我能如此快的成功，完全是因为得到了德屈·渥门丹的帮助。所以说，想成功就要向成功者学习。”

成功课堂

想要成功，就要向已经成功的人学习。其实，很多理论的东西我们早已知道，缺少的是实际操作的经验。如果能经常和成功者在一起，耳濡目染的时间久了，很多实践中的细节，你会自然而然地学会，这要比书本上的理论更实用也更有用。

聪明的当地人：在生活中学习

有两位旅游爱好者，不幸在沙漠里失散了。其中一位旅游者很想找到他的同伴，可是在这一望无际的沙漠里，方向很难辨认，他不知道应该怎样寻找朋友。眼看天就要黑了，旅游者十分焦急，可又想不出什么好办法。

正当他绝望时，走来一个人，看样子应该是当地人，旅游者希望能向他打听朋友的消息。旅游者很有礼貌地对那人说："您好，我和朋友来此游玩，没多久就走散了。我想问问，您是否看见过一位和我装扮差不多的人呢？"当地人回答："你的朋友是不是很胖，腿脚还不是很好？"旅游者激动地说："对，就是这样！您看到过这人是吗？"当地人摇了摇头，又说："和你朋友在一起的还有一头骆驼吧？而且，骆驼的眼睛还有问题。"旅游者兴奋地说："是的，您说得很对！您现在能带我去找他吗？"

当地人无奈地说："你是我从昨天到现在，见到的第一个陌生人。我怎么能知道你朋友在哪儿呢？"

旅游者非常生气，说："您不知道，怎么能描述得那么清楚，就像看到的一样！"

当地人笑了笑说："我真的没有骗你，我还知道他拿着根棍子，在那棵大棕榈树下休息了大概三个多小时呢。"

旅游者疑惑地问："您没看到他，又是怎么知道这些的呢？"当地人示意，让旅游者再向前走几步，指着地上说道："这些脚印肯定是人的，那些应该是骆驼的，还有这均匀的小坑点，一定是棍子留下的。咱们先看人的脚印，右脚明显比左脚的脚印深，证明这人的腿脚肯定有问题。还有就是，这人的脚印要比我的脚印深很多，可以推断这个人很胖。"

这时，旅游者又问："这些都可以从印记上发现，可骆驼的眼睛有问题您是怎么知道的呢？"

"这个其实不难，只要仔细观察。你看左边这一边儿草都没了，而右边的完好无损。骆驼是吃草的，它只吃左边的，说明他只能看到左边看不到右边。"接着，当地人笑了笑，又说："我现在还发现，骆驼应该还驮着很多枣。"

旅游者更加佩服了，说："是的，您是怎么知道的啊？"当地人说："我刚刚发现，这里聚集了很多蚂蚁，仔细一看原来是地上的鲜

枣吸引了它们,所以我会有这样的猜想。”

旅游者不好意思地说:“那您再给我解释一下,怎么知道我的朋友曾经在这里休息过呢?”当地人说:“你看到那棵棕榈树了吧,这么热的天,你的朋友肯定是又累又热,所以他必然要在那里休息。随着时间的流逝,大树的阴影也会移动,等移动到我们所站的地方,最少也要三个小时。前方已经没有树了,我想你的朋友一定会在这里休息够了再上路,所以怎么也要在这儿停留三个小时。”

成功课堂

生活是我们的老师,它能教给我们很多书本上没有的东西。在生活中学习,在生活中成长,仔细观察生活,用心感受它的美好和快乐,它会给我们带来惊喜,也会帮我们成功。

最后一次考试:学习永无止境

十几年前,在美国某高校的教学楼前,聚集着一群稚气未脱的工程学本科生。他们正准备迎接最后的考试,可是同学们并不紧张反而是自信满满,因为他们已经完成了四年工程科的学习,认为已经没有什么题能难倒自己了。学生们都在谈论着自己的未来,或是正骄傲地向别人炫耀自己已找到的工作,没有一个人谈论今天的考试。

可能是因为这次考试什么资料都可以带,所以同学们都很放松,唯一的要求就是不能说话。当他们走进教室后,教授便开始发卷了。当看到卷子上只有五道题时,学生们都乐开了花,认为自己用不了一个小时就能交卷。

时钟好像走快了,都三个多小时了,怎么没有交卷的呢?教授不想再等了,亲自把卷子收了回去。这时,同学们都像霜打的茄子，自信全无。教授生气地说：“你们为什么不答题？怎么都是白卷？难道学了四年，连这五道论述题你们都不会做吗？”同学们听到老师的话，连头都不敢抬了。

看到同学们被吓到的样子，教授突然笑了起来，缓缓地说道：“这就是我要的效果。”听到这话同学们都诧异地抬起了头，并且一脸疑惑地看着教授。教授又说：“今天的试题很贴近生活，是你我都有可能遇到的问题。虽然之前的毕业考试你们都通过了，但不代表你们能真正地走向社会。我出这五道题只是想让你们知道，虽然毕业了，但学习还要继续。学校里学的只是理论，你们还要能把理论灵活运用到生活中去，才算是真正的毕业。希望你们一生都记得这次考试。”

当年的毕业生，如今早已在社会上站稳了脚跟，有的甚至成为了成功人士，但他们都不曾忘记那位教授和那堂课。

成功课堂

学无止境，千万不要以为自己已经学得足够多、足够好了。事实上，我们还有许多东西要学。成功者与平庸者的区别，关键的一点在于：成功者“活到老，学到老”；而平庸者“骄傲自满，自以为是”。

第三章　提升自信，昂起头，挺起胸

自信能给人勇气，使人敢于向任何困难挑战；自信也能使人急中生智，化险为夷；自信更能使人赢得别人的信任，从而帮助自己取得成功。成功始于自信，这个道理人人都懂，但并非人人都能做到。

拿破仑与士兵：不要看轻自己

在很久以前，拿破仑同时发动了多场战役。某一战场损失惨重，于是指挥官派信使为拿破仑送加急信，那时最快的交通工具只有马。经过三天三夜不停地奔跑，信使终于把信交给了拿破仑，马却因此而累死了。

由于战况紧急，拿破仑看完信后马上写了回信，虽然信使已经很辛苦，可这次还需要他把信再带回去。拿破仑叫人把自己的战马牵了过来，对信使说："这次你就骑我的马回去，信一定要亲自送到。"信使对拿破仑说："将军，这可是您的战马啊，我怎么能骑呢？我只是一个普通的士兵，根本不配骑如此优秀的马！"

拿破仑摇了摇头，严肃地说："法兰西的士兵个个都是最优秀的，再珍贵的马，都抵不过我的一个士兵。这次你就骑它去吧，时间紧迫，不要再耽搁了。"士兵激动地点了点头，立刻扬鞭而去。

成功课堂

无论何时，都不要看轻自己，即使在成功者面前也要抬头挺胸。要相信，他的成功只是比你早一步而已。

丽莎的感悟：提升你的自信

她叫丽莎，一个很平凡的俄罗斯女孩。丽莎在一家外贸公司后勤部工作，每天都重复着同样的内容，总是在家与公司之间辛勤奔波。

今天是母亲节，丽莎在超市给妈妈买了一束康乃馨。排队交钱时，站在前面的男士引起了她的注意。男人既不高也不帅，可不知为什么，她总觉得男人很高大。丽莎突然发现，连收银台的女孩也对他另眼相看，结账也比之前快了很多。丽莎不禁更加疑惑了，暗想：男人身上到底有着什么样的魔力呢？不一会儿，男人交完钱离开了。看着他远去的背影，丽莎突然灵光一闪："魔力来自强大的自信！"也许男士和丽莎一样平凡，可他依然昂着头、挺着胸，从而展现出一种高大自信的气场，让人心生敬意。

再看看身边的其他人，一个个垂头丧气，情绪低迷，完全没有激情。丽莎又看到了从玻璃门上映出的自己，蓬头垢面，才刚过三十，曾经的朝气便已不复存在。看着自己的样子，完全像是一个生活潦倒的妇女。这时，她想起妈妈说过的一句话："不论生活多么艰辛，都要用百分百的热情去面对。"丽莎现在真正明白了母亲这句话的含义，其实她是想告诉女儿，不论别人怎样评价你，一定要对自己有信心。想到这里，丽莎也学着刚才那个男士的样子，高高地抬起头，身体完全舒展开。她突然发现，这样不仅感觉很舒服，而且个子似乎也高了很多，自然而然就有了自信，曾经的激情又回来了。丽莎非常高兴能再次找回当初的自己。交完钱后，她面带微笑地走出了超市。可是，当她想到回家后要给家人做饭、洗衣服，还要辅导孩子的功课……这些琐碎的事情又让丽莎烦躁起来，刚刚找回的激情又消失了。她依旧萎靡不振地回到家，在消极中度过了母亲节。

第二天，她因为轮休没去上班。难得的假期，丽莎想出去逛逛，让自己轻松一下。看到一家衣店在搞活动，好奇心驱使她走了进去，那些鲜艳的颜色丽莎非常喜欢。她挑了一件上衣，来到试衣镜前想看看是否适合自己。丽莎在镜子里又看到了萎靡的自己，衣服很好看，可穿在自己身上怎么那么难看呢？她转了下身体，侧面依然不堪入目，低着头弯着腰，眼神空洞。丽莎心里很难过，想到曾经阳光的自己不禁有些感伤。这时，她又想起昨天的那位男士，丽莎试着把头抬起来，身体也挺直了。这时，镜子里的她完全变了个人，身上的衣服也好看了。店里的导购笑着对她说："小姐，这件衣服很适合您，您的气质让这件衣服更漂亮了。"丽莎微微一笑，表示认同，随后便买下了这件衣服。丽莎高兴地离开了衣店，刚走出店门就遇见多年不见的大学同学，他是丽莎的学长。学长见到她，惊讶地说："丽莎，你一点都没变，还是那么自信，那么漂亮！"听到学长的话，丽莎开心极了，她感觉连空气都变得香甜，身体的每一个器官都像新生的一样充满活力。

成功课堂

一个人的气质很重要，它能反映出你的修养和内涵。拥有良好的姿势，能增强我们的自信心，同时又能给别人带来好的感官效果。有时，身体更能真实地反映出一个人的状态，昂起头、挺起胸，你会发现生活很美好。

内向的女孩：其实你很棒

小女孩德蓝，是出生在美国并在这里生活的黑种人。德蓝只有养父养母，虽然养父母都对她很好，但她还是很孤单，身边的小朋友都是白种人，没人喜欢和德蓝玩，还经常侮辱她，这种种因素让德蓝变成了一个极其胆小又自卑的孩子。

从上学开始，她的成绩一直都很差，期末考试总是全部亮红灯，上了中学甚至还有考零分的时候，因此她变得更加自卑。德蓝从小就没有朋友，她的苦与痛只能一个人承受。德蓝不想让父母担心，所以从来都不会和他们谈这些，她只是用写作来排解自己压抑的情绪，这倒让她的写作水平提高了不少。这时，德蓝的语文成绩也有了很大的进步，语文老师也渐渐地注意到这个内向的小女孩。德蓝发现自己在写作方面很有天赋，就经常在家里练习，有时还会拿到学校，让语文老师给她指导一下。

很多年过去了，德蓝依旧很自卑很内向，同龄的女孩都在忙着交男朋友，可是她因为长得不好看，一直都没有人追求，自卑的她更不可能主动去追求自己心仪的男生。就这样，她依旧被人们忽视，在这个世界上好像除了她的父母和语文老师，再也没有人会注意她了。可是，德蓝并不在意这些，她一直没有放弃写作，有时还会把自认为很不错的作品寄给出版社，尽管每次都是石沉大海，但德蓝相信自己一定会成功。毕业后，德蓝更加专心于写作。某天，在没有任何预兆和准备的情况下，德蓝收到了出版社寄来的回信，她兴奋而忐忑地撕开了信封，信的大概内容是说出版社想给她一次机会，让她按照要求写一本五十万字的小说。这封突然的回信，让德蓝整整高兴了一天，可是她也没忘了出版社的要求，已经开始构思小说了。经过两个月的努力，德蓝的新作品终于出来了，她第一时间寄给了出版社。没过多久，出版社就给她打来了电话，要她去面试。这个消息对别人来说也许是好事，但对于这个极其内向的女孩，简直是个噩梦，因为她从小就怕与人打交道。在电话里，她并没有直接答复出版社的要求，事后她把这件事告诉了妈妈，在妈妈耐心的开导下，德蓝决定去试一试。

德蓝来到了出版社，找到给她面试的人。面试官微笑地看着德蓝，这使德蓝放松了不少。面试官缓缓地说："孩子你别紧张，我们很欣赏你的文采。不过，这次叫你来是因为我们这里正在招聘编辑，不知你是否有意来我们这里工作？"德蓝很惊讶地回答："您的意思是聘我做你们的编辑？"面试官说："是的，只要你愿意。"德蓝已经激动得说不出话来，她平复了一下情绪说："我是很喜欢这份工作，不过我还是想回家和妈妈商量一下，您能给我点时间吗？"没过几天，德蓝就顺利上班了。

成功课堂

德蓝的故事告诉我们，其实我们每个人都有自己的长处，包括像德蓝这样害羞、内向的女孩。因此，请对自己充满信心，正如一位哲人所说，"别人可以看不起你，但你千万不能看不起你自己。其实，你真的很棒！"

孔雀诉苦：看到自己的优势

我们都知道，在动物王国里，黄鹂鸟的歌声最美妙，孔雀的羽毛最华丽。可是，有只孔雀只会嫉妒黄鹂鸟的歌声，却没有看到别人因为它的羽毛而投来的羡慕眼神。为了得到美妙的歌声，孔雀找到了上帝，它不满地对上帝说："我也想要完美的歌喉。"

上帝微笑着说："你已经有了漂亮的羽毛，为什么还要完美的歌喉呢？"

孔雀回答："因为只要黄鹂鸟唱歌，所有的动物都会向它飞去，还会给它最高的赞赏和最热烈的掌声，这些我也想拥有。”

上帝摇了摇头，说：“那你怎么就没有看到，当你开屏时，别人为你投来的羡慕目光呢？我的孩子，每个生物都有自己的优点和长处，就像你的美丽，鹰的力量，狐狸的聪明，还有豹的速度……他们都不会像你这样，因为别人的长处而让自己闷闷不乐啊！”

孔雀羞愧地低下了头，向上帝说了声谢谢，便快乐地飞走了。此时，孔雀感觉到从未有过的自信。当黄鹂鸟再次歌唱时，孔雀还会自信地展开羽毛为它伴舞。

成功课堂

每个人都会有优点，不要只看到别人的长处而忽视了自己。或许在你嫉妒某些人的时候，对方也会向你投来羡慕的眼神，他们之所以看起来更有魅力，是因为他们比你更自信。

一定能行：尝试并坚持下去

汤姆·邓普西生下来的时候只有半只左脚和一只畸形的右手，父母从不让他因为自己的残疾而感到不安。结果，他能做到任何健全男孩所能做的事。如果童子军团行军十里，汤姆也同样可以走完十里。

后来，他学踢橄榄球，他发现，自己能把球踢得比别的男孩都远。他请人为他专门设计了一只鞋，参加了踢球测验，并且得到了冲锋队的一份合约。

但是教练却婉转地告诉他，说他不具备做职业橄榄球球员的条件，请他去尝试一下其他的运动。最后他申请加入新奥尔良圣徒球队，并且请求教练给他一次机会。教练虽然心存怀疑，但看到这个男孩这么自信，对他有了好感，因此就收了他。

两个星期后，教练对他的好感加深了，因为他在一次友谊赛中踢出了五十五码并且为本队得了分。这使他获得了专为圣徒队踢球的工作，而且在那一季中为他的球队得了九十九分。

他一生中最伟大的时刻到来了。那天，球场上坐了六万多名球迷。球在二十八码线上，比赛只剩下了几秒钟。这时球队把球推进到四十五码线上。“邓普西，进场踢球。”教练大声说。

当邓普西进场时，他知道他的队距离得分线有五十五码远，那是由巴第摩尔雄马队毕特·瑞奇踢出来的。球传接得很好，邓普西一脚全力踢在球上，球笔直在前进。但踢得够远吗？六万多名球迷屏住呼吸观看，球在球门横杆之上几英寸的地方越过，接着终端得分线上的裁判举起了双手，表示得了三分，圣徒队以十九比十七获胜。球迷狂呼乱叫为踢得最远的一球而兴奋，因为这是只有半只左脚和一只畸形手的球员踢出来的。

“真令人难以相信！”有人感叹，但邓普西只是微笑。他想起他的父母，他们一直告诉他的是他能做什么，而不是他不能做什么。他之所以能创造这么了不起的纪录，正如他自己说的：“他们从来没有告诉我，我有什么不能做的。”

成功课堂

大多时候，人生中的许多事情我们是能够做到的，只是我们不知道自己能做到。如果我们尝试并坚持做下去，就一定能够做到，而且一定会做好。

“你也不例外”：机会就在身边

唐纳是中学一年级的学生，一直生活在法国。由于家境贫寒，在她很小的时候就搬到了乡下。这里的生活条件很差，父母希望唐纳努力学习,将来能带他们到大城市生活。唐纳是个很懂事的女孩,为了父母一直努力学习,然而不论怎样努力成绩总是很差。

好不容易考上了中学,唐纳很高兴,可是刚上了一个星期的课,她就感到有些力不从心。唐纳的老师知道后,就问她:"孩子,现在的学习就让你如此疲惫不堪,那么你真的很难考上高中。"唐纳委屈地说:"老师我真的已经很努力了,可不知道为什么就是学不会。父母都希望我能学好,盼着有一天能到大城市去生活。"看着已经泣不成声的唐纳,老师安慰她说:"亲爱的,不要伤心。上帝是公平的,不会亏待任何一个有上进心的人。学习不好不能说明一切,我听说你的绘画能力很强,这就是你的优势啊!你可以利用自己的长处,实现父母的愿望。"

和老师谈完后,唐纳开始思考未来。从那天起,她再也没有去上学。唐纳瞒着父母,用省下来的生活费买了绘画需要的所有工具。唐纳还是像以前一样,准时"上下学"。但是,唐纳并没有去上课,而是在学校的一间废旧教室里练习绘画。一天,唐纳的老师告诉她,市里将举行一次少年绘画比赛,如果想参加可以帮她报名。唐纳认为这是一个好机会,就请老师帮自己报了名。机会真的来了,这次比赛唐纳得了一等奖,画展的主办方免费供唐纳去了少年美院。从此,唐纳的绘画能力有了明显提升,当她即将毕业时,竟然还有很多绘画大师争着要收她为徒。经过绘画大师多年的亲身指导,唐纳已经在绘画界有了些名气,在她二十岁的时候举办了个人画展,获得了很高的评价。之后,唐纳被一家美院聘请为绘画老师,她的父母也如愿来到了大城市,并过上了优越的生活。

小有名气的唐纳,并没有忘记她的初中老师。多年后,唐纳重回母校,找到了当年帮助她的老师。唐纳激动地对老师说:"如果没有您当初的鼓励,就没有现在的我,我是特意来感谢您的。"老师笑了笑说:"没有人是完美的,就像工程师看不懂乐谱一样。你虽然学不会数学,但你依然成功了。每个人都有自己的优势,你也不例外。”说完，两人都幸福地笑了起来。

成功课堂

或许你正在为没有别人聪明而烦恼，其实大可不必如此，因为我们每一个人都是独一无二的。当你怀疑自己的能力时，请大声说出那位老师的话：“每个人都有自己的优势，你也不例外！”只要保持这份自信，成功的机会就一定会降临在你身边。

高斯解题：忽视困难更自信

很久以前，在德国阿廷根大学，有一个十九岁的少年，他是第一个成功地用尺规构造出规则的十七角形的人。但是，你们知道他是怎样做到的吗？

这位少年成绩一直很好，老师为了重点培养他，经常会为他出一些特殊的作业题，目的是挖掘他的内在潜力，使他更加优秀。少年很听话，只要是老师要求的他必然会完成。这天，吃完饭少年像往常一样，开始做老师给他的特殊习题。今天的题目是：只用圆规和直尺做出正十七边形，但规定只能用一把没有刻度的直尺。少年想都没想就做了起来，起初他感觉很容易，可画着画着就无从下笔了，好像走进了死胡同。虽然很难，却激起了少年浓厚的兴趣，性格倔强的他，面对困难从不退缩。终于在凌晨四点，难题被解了出来。

因为一夜没睡，少年有些疲惫，来到教室连老师都没看见，直接趴在了课桌上。老师微笑地对他说：“孩子，昨天的作业老师弄错了，你把那道题给我，我把作业给你。”少年看都没看就把作业给了老师，接着又趴下继续睡觉。可是，他感觉老师并没有离开，少年抬起头疑惑地问老师：“您还有什么事吗？”只见老师激动地说：“这是你自己做出来的吗？”少年茫然地点了点头，可就在这一瞬间，老师的眼泪流了出来。这可把少年吓了一跳，他紧张地问：“老师您没事吧？”老师颤抖着说：“我的孩子，这道题已经有两千多年的历史了，一直都没有被解答出来。我昨天着急，把这道题和本想给你的作业弄混了。可没想到你真的做出来了，而且只用了一个晚上。你知道吗，这道数学题连阿基米德和牛顿都没有做出来，可你却……”此时此刻，老师已经无法用语言来表达激动的心情。

这个让老师如此激动的少年，就是被我们所熟知的卡尔·弗里德里希·高斯，正是这种敢于挑战困难的精神，让他成为了著名的数学家、物理学家、天文学家、大地测量学家，而且还是近代数学的奠基者之一。后来回忆起这件事时，高斯是这样说的：“我想如果在那之前知道了题的难度，也许解出这道题的人就不是我了。”

成功课堂

很多事情都是这样，人们总会因为前人的经历，而否定了自己的能力。当我们不再受别人的影响，不去了解曾经的困惑，只是就事论事，这样反而会让自己更自信，奇迹也会因此而产生。

把斧子卖给小布什：心态很重要

布鲁金斯学会是专门为世界培养各种优秀销售人员的地方，它为销售界做出了巨大的贡献，也因此名扬全球。布鲁金斯学会拥有优秀的教师团队和专业的教学模式，最重要的是学会设立了金靴子奖。此奖的规则是，每一期学员，在毕业时学校都会设计一个最能体现销售能力的题目，谁能完成谁就可以得到此奖。

布鲁金斯学会的金靴子奖，从开始到现在已经有三十七年的时间了,可获奖人却只有两名。第一次还是克林顿在任期间,第二次颁奖则是在 2001 年,对于第二个获奖人,大家应该还能记得。那年是小布什任美国总统之际,布鲁金斯学会给即将毕业的学员出的题目是:请把一把斧子推销给小布什总统。因为之前只有一人获奖,所以很多学生还没有尝试,就放弃了这次比赛。很多人来这里学习,为的是将来能挣更多的美元,让自己的家人过得更好些。乔治·赫伯特却不这样想,他来这里就是想要提升自己的销售能力。学习期间的乔治·赫伯特就很刻苦,只要是老师留的作业他都会积极完成。乔治·赫伯特对这次的题目很感兴趣,他认为只有得到金靴子奖才算是真正毕业。

乔治·赫伯特在自己的房间里苦思冥想了一天,终于在傍晚时想到了一个好方法。他打开电脑,在邮箱里给小布什写了这样一封信:

"亲爱的总统先生,您好!我的名字叫乔治·赫伯特。前几天,我有幸参观了您的农场,发现那里有很多矢菊树,我想您应该是位很热爱生活的总统。但在欣赏的同时,我发现那里有些矢菊树已经枯萎了,让人感觉有些格格不入,我认为应该把那些已经死掉的树砍掉。这件事让我想到祖父送给我的那把斧头,它是纯手工制作的,我想应该比现在市面上的斧头更结实耐用。这只是我的一个建议,如果您有需要,可以按照信的邮箱地址和我联系。"

没几天,小布什真的给乔治·赫伯特回信了。信中小布什很感谢乔治·赫伯特,并说会尽快把钱给他汇过去。2001 年 5 月 20 日,乔治·赫伯特获得了金靴子奖,当时的颁奖人曾这样说:"从我们学院走出的优秀销售人员很多,成为富翁的也有不少,可真的能得到金靴子奖的至今为止只有两名。希望大家能深思其中的原因,并能够向这两位获奖者学习,其实你们都能做到……"

成功课堂

很多时候，事情并不复杂，是人们自己把它想得难了，因而使自己错过了成功的机会。青少年朋友们，当你遇到困难的时候，你要努力想办法解决它，一定要时刻保持自信的心态，只有这样才能有机会成功。

胆小的推销员：勇敢地迈出去

艾伦已经二十岁了，她决定开始独立生活。艾伦从朋友那里得知，干销售挣钱最快也最多。于是，艾伦找了份推销办公用品的工作。

“已经一个月了，你连一支笔都没卖出去，你还想不想干了？没能力就去扫厕所吧，我没时间和你耗。”销售部经理愤怒地对艾伦说。此时的艾伦，真想找个地缝钻进去，经理的话让她无地自容。被骂后，艾伦无精打采地来到公司附近的公园，因为经理的话一直在耳边回响，现在她根本没有心情工作。内向的艾伦，每次敲开客户的门都不敢说话，因此东西自然推销不出去。艾伦心想，“为什么别人能做到的，我却做不到呢，难道我就不能成功吗？”

艾伦决定用业绩来证明自己，她来到了一座豪华的写字楼下。拿出了所有的自信，敲响了人事部的门。在敲门的同时，艾伦深吸了一口气，想让自己尽量放轻松一些。门开了，艾伦看到一个和自己岁数相仿的女孩。她疑惑地问艾伦：“请问，您找谁？”紧张的艾伦极力克制自己，红着脸说：“我想问一下，你们这里需要办公用品吗？”由于声音太小，开门的女孩面带歉意地说：“您能大一点声音吗？我没听清楚。”艾伦清了清嗓子说：“我说的是，你们这里需要办公用品吗？”女孩高兴地说：“需要，我刚想去买，您就来了，真是太巧了！您请先进来吧，我们需要的东西很多，一时也说不清楚。”

接下来的进展非常顺利，艾伦这次的收获很可观，也增强了她的自信心。

从此，艾伦的事业突飞猛进。不到三年的时间，她就成为了该公司的区域经理。

成功课堂

自信会让我们变成生活中的强者、事业上的成功者。只要能勇敢地迈出第一步，成功就会接踵而来。

布勃卡撑杆跳：让“心”先成功

谢尔盖·纳扎罗维奇·布勃卡曾多次获得锦标赛跳高的冠军，至今还有两项由他创造的纪录未被打破，因此他被称为撑杆跳项目上的“沙皇”。

然而，每一个成功者在成功之前，都会遇到事业上的瓶颈。布勃卡也不例外，虽然已经创造了很多次世界纪录，但他并不满足。布勃卡想突破自己，可是经过很长一段时间的努力，依然没有任何长进。为此，布勃卡的情绪一直处于低迷状态，严重影响到训练的效果，布勃卡每天都是状况百出。有一天，布勃卡的教练找到他，关切地问：“布勃卡你是怎么了，家里出事了吗？”布勃卡摇了摇头，痛苦地说：“跳不过去了，我永远都不可能超越自己了。”教练气愤地把他拉到了高杆前，严厉地说：“我现在要求你，把你的心丢到杆的另一边去！”

教练的话像是给布勃卡打了针兴奋剂，他重拾信心，立即试跳了一次，果然成功了。布勃卡兴奋地抱住教练，激动地说：“我很庆幸能遇到您这样的良师，谢谢您让我又一次超越了自己，我真不知道怎样感谢您才好。”教练和蔼地说：“只要你永远记住我和你说的那句话就行了。”

成功课堂

> 如果你想成功，就必须让你的“心”先成功。自信就像是一种魔咒，只要你拥有了它，一切目标都可能实现。

一加一等于几：不可改变的真理

几年前，某位著名的心理学家，给刚上学前班的孩子们出了一道数学题，题目是：一加一等于几？孩子们不假思索，异口同声地回答说：“等于二。”

心理学家又来到一所知名大学，给大一新生出了同样的题目。起初，大学生们都不屑地笑了起来，有的学生还会起哄说：“大专家，出门是不是没吃药啊！”心理学家只是无奈地笑了笑，并没有理会。就这样持续了一段时间，学生们渐渐安静下来，他们想心理学家之所以会出这道题，也许是因为问题并没有想象的那么简单！在这种想法的影响下，没有一个人敢回答这一问题。大概过了一个小时，心理学家开始统计答案，可是让他很意外的是，用了这么久的时间，竟然有百分之八十五的大学生不能给出答案，有百分之五的大学生给的答案是“三”，还有百分之二的大学生给的答案更是离谱。

心理学家很悲伤地说：“同样的问题，学前班的孩子只用了一秒钟，就能正确地回答出来。而你们这些高材生，却用了一个小时，最后许多人的答案还不正确。同学们请你们记住，一加一永远等于二，不会因为时间或环境的改变而改变，这就是真理。不要因为外界的原因而否定了自己的智商，自信是你们必须具备的基本素质。”

成功课堂

学前班的孩子因为单纯，让他们更加自信。随着我们逐渐长大，因为懂得多了，就会把简单的东西想复杂，不再单纯了，自信也在逐渐消失。其实，只要拥有强大的自信心，坚持自己的立场，一切都会变得轻松而简单。

四人过河：心态决定成败

在一个异常险峻的峡谷，架着一座只用几根铁链连接而成的吊桥。就连偶然飞过的小鸟暂时停落在上面，桥体都会左右晃动几下。桥下那峡谷间飞奔的河水，伴随着令人胆寒的咆哮声，就像一条恶龙急速地向下游奔去。

不知什么原因，有四个人必须从这座险桥上通过。其中一位是盲人，一位是聋子，另外两个人是健全的人。两个残疾人很快走了过去，两个健全的人却犹豫了很久。终于，其中一个健全的人也顺利通过了，可最后那个人刚迈出一步就掉下了桥，如此险的悬崖和急流瞬间吞噬了这个不幸的人。

也许有人会问，残疾人都能通过，他一个正常人怎么就不行呢？现在我们就来听听，前面三个人是怎样走过去的吧！

盲人说：“我是第一个走过去的，因为看不见，所以我并不紧张也不害怕，就像平常一样摸索着走了过去，跟在马路上走没什么区别。”

聋人说：“我虽然能看见，可我听不到声音，所以再可怕的奔流声也影响不到我，只要我向前看，一切都变得很平常。”

最后通过的健全人说："我因为既能听到又能看到，所以开始很害怕，一步都不敢迈。最后我深吸了一口气，在心里想着，桥很牢固，水流很平缓，我能走过去，就这样我也顺利地过来了。"

成功课堂

这个故事，说明了最可怕的不是自然环境，而是人们心里想象的环境。青少年朋友，当你有了目标时，就要勇往直前，一定要相信自己，不要被自己想象的结果所打败。

冒牌科学家：自信才能处变不惊

科学家爱因斯坦，一直都是被世人所熟知的人物。他经常在各地进行演讲，但时间久了身体有些吃不消。爱因斯坦有位老司机，每次出门都会陪同前往。

这天，老司机看到爱因斯坦在车上睡着了，他心疼地看着爱因斯坦没有吵醒他。不一会儿，演讲的时间到了，老司机无奈地推了推爱因斯坦。爱因斯坦揉了揉太阳穴，勉强挤出一丝笑容，说："太累了，不知不觉就睡着了，还好有你叫醒我。"这时，老司机突然对爱因斯坦说："我可以替您去演讲。"话刚出口，爱因斯坦立即说："好，今天我是你的司机。"

老司机从容走进了会场，庄重地站在讲台上，他在议论声中开始了生平的第一次演讲。没想到，演讲非常成功。他的演讲语调平稳，内容丰富而生动，场下一直掌声不断，就连坐在最后一排的爱因斯坦都朝他竖起了大拇指。就在这时，一位年轻的科学家突然发问，这个问题很刁钻，所有人都认为假爱因斯坦肯定无言以对，爱因斯坦也在此时为他捏了把汗。但是，老司机却面带微笑，从容地说："年轻人，你的这个问题也太简单了，我的司机都能帮你

解答。”接着，爱因斯坦走上台，开始为在座的听众进行解答，这次演讲非常成功。

成功课堂

自信会带给你勇气和力量，当你面对突如其来的困难时，自信能够使你镇定自若，从而使问题顺利得到解决。当然，自信是需要多方面的知识来建立的。

考察队遇险：不放弃就有希望

多年前，可可西里无人区来了一支考察队。由于缺少经验，他们不久就迷路了，直到傍晚也没有找到返回的路。气温骤降，无情的暴风雪不期而至。此时，考察队里每一个人都明白，走不出去就意味着死亡。

温度还在持续并快速下降。根据资料可知，这里的夜晚最低温度可达到零下三十七度。如果不赶紧采取措施，他们将永远看不到明天的太阳了。面对大家的紧张和绝望，队长镇定地说：“考验我们的时刻到了，请你们振作起来。只要我们齐心协力，一定能战胜严寒，信心会让困难不再可怕。”在队长的鼓舞下，大家不再绝望，都开始为度过寒冷的夜晚做准备。他们找到一个岩洞，虽然不是很大，但能挤在一起也是个取暖的好方法。雪越下越大，温度越来越低，再加上长时间缺少运动，大家都已经被冻僵了。这时，一位队友说：“那里好像有些枯树枝和干树叶，应该可以被点着。”话音刚落，人们就开始寻找火种。大家找了很久才找到几根火柴。他们立刻划着火柴，可是风太大了，划出的火苗瞬间就被吹灭。就这样重复了几次，树枝依然没有点燃，当只剩下一根火柴时，谁也不敢再试。僵持了好一会儿，有人说：“咱们把外套脱了，用衣服围起来，只要不透风，一定能点着。”队友们立即行动起来，这次树枝真的点着了。此时，队友们相拥着坐在火堆前，火光映在每一个人的脸上，即使夜再寒冷，他们也感觉很温暖，因为队友之间的相互合作，让每一个人都看到了希望，也增强了他们的自信心。

第二天清晨，当他们看到第一缕阳光时，都兴奋地跳了起来。接着，救援队也赶来了，救援人员激动地说：“看到你们能完好无损的站在这里，真是为你们感到骄傲。请告诉我们，是什么让你们如此坚强？”队员们齐声回答：“是自信！”接着，队员们都流下了激动的眼泪，因为他们真的活下来了。

成功课堂

无论什么时候，都不要失去信心。要知道，坚强的信念是我们度过难关的动力，它甚至可以改变我们的命运。

乔治成功记：自信能够创造奇迹

乔治曾经是一个成功的美国商人，但现在却变成街边的乞丐，只能靠捡食残渣剩饭来维持生命。

2008年，美国陷入了经济危机，很多商人都受到了重创，乔治就是在那年破产的。事业的失败使他的精神完全崩溃，妻子也因此离开了他。事业和家庭的双重打击，让乔治开始厌恶生活，整日用酗酒来麻痹自己。因为没有了工作，仅剩的积蓄很快就花光了，乔治彻底变成了乞丐。时间久了，乔治有了自杀的念头，于是他来到商场买了一瓶安眠药。在付钱的时候他看到一张海报，是为某著名作家的新书做宣传的，书名为《让我帮你成功》，这个书名给乔治带来了希望。经过多方询问，乔治找到了这本书的作者，他泪流

满面地向这位作家倾诉了自己的悲惨遭遇。作家安慰他说:“先生,我很同情您,但破产的不只是您一个,还有很多和您一样的人,但他们并没轻生的想法啊!”乔治说:“那您能帮我吗?”作家说:“我只是个作家,能帮您一时却帮不了您一世啊!不过我知道谁能帮您,就是不知道您能否真的认识他。”乔治激动地说:“真的吗?那请您现在就带我去见见他吧!”作家把乔治带到试衣镜前,指了指镜子里的人,说:“就是这个人,只要能真正地认清他,您一定可以再次成功。”乔治看着镜子里的自己,默默地流下了眼泪,走了出去。

两年后,在一次记者会上,乔治偶然遇到了那位作家。作家既惊讶又高兴地说:“我的朋友,我差点没认出您来。看样子,您过得不错。”乔治亲切地握住作家的手说:“是的,不过这完全是因为您,是您让我重新找回了自信。”作家微笑着摇了摇头。乔治又说:“从您家出来后,我开始反省过去,总结经验,经过这两年的努力,终于又找回了以前的自己。”此后,乔治一直与这个作家保持着密切的联系。

成功课堂

人生不可能一帆风顺,总会遇到这样或那样的困境。遇到困境,我们虽然会失去许多东西,但永远不能失去自信。只要自信还在,我们就会有东山再起的那一天。要相信,自信能够创造奇迹!

第四章　坚忍不拔，攀高峰，炼毅力

青年人最不缺三分钟热度，心血来潮，马上行动，没几天热情便不见踪影。要知道，伟大成就源于厚积薄发和坚忍不拔。只有那些懂得千里之行始于足下、懂得志存高远需要脚踏实地的年轻人，才有迈向成功的可能。

坚硬的桃核：有一颗坚强的心

比伯是个心怀大志的男孩，却屡遭失败。这天，颓废的比伯在外面闲逛，不知不觉走到了一座寺庙前，遇到一位高僧。高僧问比伯："年轻人，你为何如此消沉？"比伯说："我想成功可总是失败，以至于对生活失去了信心，您能帮我吗？"

高僧取来一个桃子，递给比伯，说："请你把桃子的皮去掉。"比伯很疑惑，但他还是按照高僧的要求做了。高僧说："把桃子吃掉。"比伯又很快地把桃子吃了。高僧指着他手里的桃核说："把它的皮也去了，再吃掉它。"比伯瞪大了双眼，激动地说："这怎么可能，要吃您自己吃，这么硬怎么吃啊！"

高僧微笑着说："桃子的皮和肉都能被毁掉，但它的心却坚强无比，有了这颗心就能再结出桃子。你也一样，无论遇到多少挫折，只要有一颗坚强的心，就一定能成功。"

成功课堂

失败是成功的垫脚石，失败也是一种变相的经验。只要我们意志坚定，就一定能够实现梦想。

香浓的咖啡：坚强的忍耐

亚伦已经二十六岁，在社会上打拼了近五年。工作前后换了二十多个，现在又想辞职了。今天，亚伦本打算找个朋友诉苦去，可朋友们都在上班，没人能陪她。

无奈，亚伦只能去找她的厨师父亲。看到父亲，亚伦泪如雨下。她本以为会得到父亲的同情，没想到父亲却说："你又不想干了，是吗?"父亲的话让亚伦无言以对，泪水戛然而止。沉默了一会儿，亚伦依然委屈地说："我自从上班后，就没有一天是高兴的，烦心的事总是接连不断地来找我，同事还欺负我。我已经厌倦了尔虞我诈的生活，实在太累了!"

听完亚伦的话，父亲牵起她的手，带她来到了灶台前。父亲让亚伦找来三个同样大小的锅，要求她分别往三个锅里倒入等量的水。烧水的同时，父亲拿来一根胡萝卜、一个鸡蛋，还有一勺已经磨成粉的咖啡豆。水开了，父亲同时把这三样东西分别放进三个锅里。又等了二十分钟，父亲关了火，让亚伦把胡萝卜捞出来，又让她把鸡蛋剥开。这时，亚伦忍不住问父亲："您这是要干什么啊?"父亲只是说："你现在捏一下胡萝卜。"亚伦立即说："不用试我都知道，它肯定已经烂成泥了。"

父亲语重心长地对亚伦说："孩子，锅就是你所处的社会，水就是你遇到的磨难。现在的你就像被煮过的胡萝卜，开始很强硬，现在却软得像摊泥。你的同事就是鸡蛋，外表看似脆弱，但经过磨难后他们就坚强了很多。被煮好的咖啡，就是我们看到的成功者，咖啡豆改变了水，就像成功的人影响了我们一样。”说完，父亲心疼地摸了摸亚伦的头，说：“我的宝贝，爸爸希望你也能变成香浓的咖啡。”亚伦用力点了点头，微笑着说：“爸爸，我明白了。谢谢您，我会变得坚强，也会变成您想要的咖啡。”

成功课堂

香浓咖啡谁都爱，可它一定要忍受被沸水煮的痛，才能得到人们的赞赏。我们追寻目标也是如此，必须具备坚强的毅力，能在挫折中勇敢地站起来，才能享受成功的喜悦！

愚钝与聪明：勤奋更重要

爱因斯坦为了证明坚强的毅力比智商更重要，随机找来了两个在体力和岁数上都相同的年轻人，一个聪明些，另一个相对有些愚钝。

爱因斯坦发给他们一人一把铁锹，让他们在限定的区域内寻找水源。聪明人和愚钝人同时动手开挖，两个小时后都没有看到水。愚钝人依然在原地继续挖，聪明人则认为这里没有水，于是他换了个地方重新开始挖。又过了两个小时，两人依然没有挖到水，聪明人再次换了个地方，而愚钝人仍坚持在原地继续挖掘。就这样，愚钝人一直在一个地方挖掘，而聪明人连续换了几个地方后因为疲惫最终放弃了寻找。就在聪明人放弃的那一刻，愚钝人找到了水源。

成功课堂

智商是天生的，但坚强的毅力可以通过后天来培养。假如你不够聪明，那么就用勤奋来弥补，你的理想依然能够实现。

无价之宝：信念改变命运

某天，生物学家带着自己的学生来到原始森林，想通过这里让同学们更好地理解和感受生物学的意义和魅力。

生物学家和他的六名学生，兴致勃勃地走进森林。在炎热的夏季，这里的昆虫都处在生命的活跃期，虽然对他们的研究和学习很有帮助，但他们同时又要忍受闷热给身体带来的不适，更要时刻提防身边动物的突然袭击。恶劣的环境让生物学家很快就病倒了，学生们也陆续有了不同程度的病变反应。直到第六天，学生们再也坚持不下去了，他们拒绝继续前行。面对此情此景，生物学家从随身的背包里拿出一个精致的小铁箱，对学生们说："谁能坚持走出去，我就把这个小铁箱送给谁。它可是件无价之宝，拥有它就可以改变你的一生。"话刚说完，学生们就又精力充沛地跟随老师继续前进。就这样两天后，他们七个人顺利离开了原始森林。回到学校后，学生们都迫不及待地向生物学家索要那个小铁箱。可是，当生物学家把箱子打开时，学生们都愣住了。箱子里只是他们进行野外学习的一些必要工具，根本没有什么宝贝。这时，一个性子急躁的学生说："老师，您怎么能骗我们呢？您必须给我们一个解释。"其他学生也开始你一句我一句地质问生物学家。面对满腹牢骚的学生，生物学家只是无奈地摇了摇头，失望地说："看来，你们谁也没能得到这件无价之宝。"听到这话，学生们都停止了抱怨，满脸疑惑地望着生物学家。

生物学家严肃地说："原始森林里危机四伏，你们放弃前进就等于放弃生命。如果没有这个箱子，也许你们早已死在森林里了。是这个箱子给了你们动力，是它延续了你们的生命。所谓无价之宝就是坚强的信念，现在你们懂了吗？"

成功课堂

信念赋予我们勇气和动力，拥有它也就拥有了一切。对于有理想、有抱负的人来说，坚强的信念就是无价之宝；而在无知的人眼里，它却一文不值。

两个探险者：坚持到最后一刻

凯里和埃文兴致勃勃地来到沙漠，他们想真正挑战一次大自然。走了不到三个小时，两人就已经汗流浃背，又累又渴。硕大的太阳把沙漠变成了烤炉，埃文无力地趴在沙堆上，尽管沙子很热但他已经没有站起来的力气了。

凯里说："咱们不能停下，不然还没等天黑我们就会被烤死。"可是，埃文依然一动也不动地趴在那里，就像死了一样。没办法，凯里只好用太阳伞给埃文遮挡阳光，他对埃文说："包里有信号弹，你每隔半个小时就发射一次。我现在去找水，你一定要坚持住，只有信号弹才能让我找到返回的路。"听到埃文微弱的回应声，凯里立刻跑了出去，他知道只有找到水才能让他俩活着走出去。虽然太阳被遮住了，但灼热的空气却无法阻挡，阵阵热浪向埃文袭来，让他开始眩晕，眼睛也无法睁开，四肢失去了知觉。随着时间的流逝，埃文感觉自己的呼吸越来越困难了，之前发出的十枚信号弹耗尽了他所有的精力，可是凯里依旧没有回来。埃文想，也许凯里已经死了。就这样想着，他把匕首插进了自己的心脏。

埃文不知道，就在他把刀插进心脏的那一瞬间，凯里已经提着一桶清澈的水来到他的身边，只因他始终闭着眼睛没能发现，所以生的希望就与他擦肩而过了。

成功课堂

有时，放弃也许只是一次错过；有时，放弃只是一生的遗憾；有时，放弃却意味着死亡。即将成功时是最黑暗的时刻，最难熬的时刻，最容易放弃的时刻，同时也是最短暂的时刻，只要能坚持住，那么迎接我们的将是阳光明媚、鸟语花香。

一口水井：努力坚持实现梦想

正在放暑假的亨利，偶然从网上发现了一组贫苦儿童的照片，好奇的他点击照片想看个清楚。令亨利惊讶的是，那些孩子正在喝猪尿。之后，亨利又看了一段关于贫困儿童的视频，让他真正地了解了非洲儿童的悲惨命运。亨利从小在孤儿院长大，他的一切都是社会给予的。从前，亨利以为自己已经很不幸了，没想到还有比自己更不幸的孩子。

虽然亨利才上高中，但为了改善生活质量，节假日也会出去打些零工，贴补日常花销。亨利从网上得知只需一百美元，就可以建一口供万人使用的水井。看着那些因缺水而死去的孩子，他决定牺牲这个假期，出去打工去挣一百美元，为那些还在痛苦中挣扎的孩子们建一口水井。但亨利是未成年人，没有地方会雇用他，最后只能当一名辛苦的报童。之后，亨利每天天不亮就起床，骑着单车给各家各户送报纸，尽管他已经尽了最大的努力，并且还常常一人干几个人的活，可距一百美元的目标还差很远，直到开学亨利也只攒了七十美元。同学们看到又黑又瘦的亨利，都惊讶地问他：“我的朋友，你的假期是怎么过的？”于是，亨利把自己的计划告诉了同学。没想到大家却都不支持他这样做，反而劝他说：“我们现在的主要任务是学习，送报纸会导致你睡眠不足，学习效率必然受到影响。再说，就你一个人也不能改变什么，对于他们的贫困我们无能为力。”亨利摇了摇头，说：“不，他们需要我，我的计划一定可以实现。”就这样，亨利开始边送报边上学，因为高中的课程比较紧，所以亨利只能接一份送报的工作。一个学期后，亨利终于攒够了一百美元，他第一时间把钱寄给了非洲的救济中心。

救济中心为此给亨利的学校寄来了感谢信，亨利因此还受到了学校的表彰，新闻媒体也闻讯来到学校，要求对亨利进行专访。记者问亨利：“你并不富裕，也同样需要别人的帮助，但为什么还会如此辛苦地去帮助那些与你并不相关，而且一辈子都不会见面的人呢？”亨利说：“虽然我并不富有，但比起那些孩子我已经很幸福了。水是人生存的必需品，我只是想尽自己的力量让他们健康地活下去。”

成功课堂

梦想和现实有时是有差距的，但很多时候是由于人们对自己能力的低估，而使美好的愿望破灭。其实，只要我们真正地去努力，真正地坚持下去，就一定能够达到预期目标，甚至会有意想不到的超越。

断了的A弦：不屈的精神

著名音乐家欧尔·布里经常出席各种音乐会。有一天，因为行程紧张，因此登台前他没有来得及检查小提琴。

当欧尔·布里进行演奏时，刚拉了两个音，小提琴的A弦竟然莫名其妙地断了。但台下的观众并没有发现任何异常，他们依然满脸陶醉地听着，只是当演奏结束后，观众发现今天的乐曲好像少了些什么，可又比以前演奏得更加优美动听，因此观众还是给予欧尔·布里热烈的掌声。欧尔·布里此时因断弦而紧张的心也放松了很多，他用深鞠躬回应了观众的热情。断掉的A弦随着他鞠躬的动作，悄悄地从小提琴上垂了下来，观众看到断了的A弦后掌声更加热烈，他们对欧尔·布里更加敬佩了。

成功课堂

琴弦断了并不可怕，因为随时都能换根新弦。最可怕的是，生活的弦断了，悲剧也许会因此伴随一生。著名物理学家史蒂芬·霍金，他断了不只是一根弦，但他的生命却依然光辉闪耀。所以，只要拥有不屈服的精神，弦断了我们依然可以成功。

达茜的幸福：不要放大困难

痛苦的达茜，双眼空洞地望着窗外。没有人知道她在想什么，但这样的达茜更让人心疼和担忧。突然的车祸夺走了她的幸福和笑声，车祸让达茜的丈夫变成了植物人，他们有一个正在上小学的男孩，达茜不希望孩子因此受到影响，她希望孩子能有一个快乐的童年。丈夫的父母都已经八十多了，达茜不想把这件不幸的事告诉他们，所以一切痛苦只能她自己承受。

孩子上学去了，达茜静静地坐在丈夫床前，看着窗外发呆，她不知道丈夫能否再醒来。外面的雪静静地下着。渐渐地，达茜想起了十五岁那年的一件事。教室里很冷，同学们都无心上课，每个人都边跺脚边用嘴向手心里哈气。那时北风拼命地吹，雪花就像棉球一样飘落下来。这时达茜的班主任来到教室，看到学生的样子后，大声说了句："现在都和我去操场上集合！"话音刚落，同学们立刻呆住了。他们心想：老师是疯了吗？这么冷的天，去操场还不冻坏了。看到同学们没有动，老师又说："如果不去，你们现在就回家，以后就不要来上课了。今天不去操场的人，一律被开除学籍。"同学们无奈地来到操场，等他们排好队后，才看见老师只穿了件衬衫，但同样和他们站在了风雪肆虐的操场上，一动也不动。二十分钟后，老师说："同学们，当遇到困难时，不要怕。用自己的勇气直面困难，你会发现其实也没什么了不起。你们畏惧的风雪，现在不也被你们打败了吗？"

回过神，达茜看向丈夫，温柔地说："亲爱的，相信我，现在的我依然能够打败风雪，我要用爱的力量把你唤醒，让我们勇敢地走下去，找回曾经的幸福！"

成功课堂

不要放大眼前的困难，拿出我们的勇气，一切挫折都会变成过眼云烟。其实，再苦再痛，只要意志坚定，一切都会有转机，而困难只不过是生活中的调味品。

光环下的孩子：请重新站起来

安格斯是美国某富商的儿子，在父亲光环下长大的他，很想摆脱和超越父亲。因为人们总是会把安格斯做出的一切，归功于他的父亲，没有人认可他的能力，更不会看到他的努力和付出。

拥有商学院博士学位的安格斯，来到一个知名的大公司做了销售员，他想从基层开始做起，凭自己的实力当上总裁，向世人证明他的能力。然而，已经一年多了，安格斯依然只是个销售员，并且他的销售业绩很不理想，经常遭到销售部经理的训斥。这一年的工作经历让安格斯很受打击，他开始怀疑自己，甚至想要放弃。安格斯的父亲得知这个情况后，便给他写了封邮件，信的内容大概是这样的：亲爱的安格斯，一年多没有见面，爸爸真的很想念你，希望你的一切都很顺利。昨天，在一本杂志上看到一个故事，很想和你分享一下，希望你能有所感悟。故事是这样的：

一位退役的老拳击手，想让自己的儿子也进军拳击界。所以，当儿子十五岁的时候就开始接受拳击训练。可是，儿子并不像父亲那样强壮，每次比赛他都是被打倒的一方，但老拳击手却总是称赞儿子很棒，并且还经常在朋友面前称赞他。一次，儿子奇怪地问父亲："爸爸，我总是失败，您为什么还会为我感到骄傲呢？"老拳击手温柔地摸着孩子的头说："虽然你总是被别人打倒，但你总会在被打倒的下一秒，又立刻站了起来。无论被打倒多少次，你都会重新站起来，我就是为你这种勇气和毅力而骄傲。而且，我坚信只要你能永远保持这种心态，总有一天奖牌会是你的。"

看完父亲的邮件，安格斯已经泪流满面，他明白父亲是在用这个故事来激励自己。安格斯不再沮丧，他又重新振奋精神，继续为实现自己的理想而努力。几年后，安格斯终于当上了总裁，虽然过程很艰辛，但他用事实证明了自己，也得到了人们的认可。

成功课堂

多次失败很容易让人失去信心，这就构成了成功者与失败者的分水岭：成功者，总是意志坚定，一次又一次地站起来；而失败者，跌倒了，就很难再爬起来。

风光的背后：勇敢地面对挫折

比尔现在已经是大四的学生了，马上要面临就业的问题。在美国，专业技术不过硬就很难在社会上立足。比尔从小就好吃懒做，嫉妒心又强，哥哥比他大四岁，不论是学习能力还是性格都比比尔优秀，他现在已经是一位小有名气的律师了。

比尔从小生活在哥哥的阴影下，从懂事起不论学什么，哥哥都比他强，他对哥哥也从羡慕变成了嫉妒。当哥哥要去参加小提琴比赛时，比尔会故意把哥哥的琴弄坏；参加运动会时，他会把哥哥的鞋带剪断；哥哥高考时，他会捣乱不让哥哥专心复习；比尔甚至会把哥哥几万字的毕业论文，偷偷地拿走然后烧掉。总之，比尔总是想尽一切办法让哥哥出丑，可是每一次他都没有得逞，不论怎样破坏，哥哥总是会成功。比尔就不同了，他总是碰壁，为了找到一个好的工作，他精心准备了很多材料。然而，面试时不是说他经验不足，就是说他专业技能不过关。

沮丧的比尔找到哥哥，痛苦地说："我怎么就那么倒霉呢？老师对我不满意，经理又不认可我。你看你多好，干什么都能成功，一切对于你来说都那么简单，就算我去破坏，你依然可以得到大家的认可。不像我，干什么都不顺，没有人会帮助我，更没有人愿意给我机会，成功对我来说怎么就那么难呢！"哥哥摇了摇头，严肃地说："事情不是你想象的那样，我也没有你说的那么优秀，我现在所得到的，也是通过艰苦的奋斗才得来的。你要记住，遇到问题不能总是想着逃避，必须要勇敢地去面对。就像我接第一个案子时，我是被告请的律师，原告既有势力又有钱，因此很多人在原告的威胁和贿赂下都会为他做假证，很明显我是斗不过原告的。开始我也想过要放弃，可是在看到被告那乞求的眼神时，我就下定决心一定要赢。为了取证，我白天出去调查，晚上就赶着写材料，根本没有睡觉的时间。坚持了半年，才打赢了第一场官司。虽然很辛苦，但

我得到了宝贵的经验，那是别人无法教给你的知识，只能通过实践才能得到。你不要只看到我表面的光鲜，你知道我为此付出了多少努力吗？忙起来吃饭睡觉的时间都没有，这也就算了，还要受别人的气，挨委托人的骂、被告人的侮辱和轻视……你并不是倒霉，而是你还没有付出，就妄想着得到。”

比尔惭愧地看着哥哥，认真地说：“哥，我明白了，只有经历挫折，才能获得成功。”

成功课堂

每个人的一生，都不会一帆风顺，总会经受困难的考验。如果我们只是看到别人的成就和自己的不如意，那么只能让自己感觉不平衡，久而久之就会心生怨气。然而抱怨只会让我们失去斗志，却不会改变什么。困难这东西就是你强它弱，你弱它强，只有敢于面对困难，才能改变自己的命运。

偶遇流浪汉：你不是最不幸的

“回家可真不容易啊，还没上火车就挤成这样了！”安德鲁自言自语地说。准备回家的安德鲁心情很好，时不时还会兴奋地吹两声口哨。

到了车站，安德鲁准备拿车票时，突然脸色惨白并瞬间呆住了。他身上只有一个兜，可是钱包却不在里面。安德鲁脑子一片空白，嘴里默默地说：“请不要这样，我已经五年没回家了。”想到这里，他立刻打开旅行包，可是只有衣服，钱包和车票都没有。安德鲁无助地瘫软在地，双眼空洞地盯着地面，车票没了，五年的积蓄也没了。欲哭无泪的安德鲁，缓缓地站了起来，像是没有了灵魂的肉体，神情恍惚地走在街上。他被人撞倒了就再站起来，就算走到马路中间，对汽车的喇叭声和司机的咒骂声也是充耳不闻。安德鲁现在只想死，这么多年的努力，就是为了能回到家乡开个小店，从此留在父母和妻儿的身边，安德鲁早已厌倦了在外打工的生活，他渴望家的温暖。可是，现在车票没了，钱没了，一切都成了泡影。

安德鲁不知不觉走到了市中心的广场上，因为天气寒冷，广场上只有零星的几个人。安德鲁如行尸走肉一般，继续漫无目的地走着。突然，他听到一阵欢快的笑声，空洞的眼睛有了焦点。安德鲁看到街道边的电话亭里，有个身穿破棉袄的人，笑声就是从那里发出来的。此人正手舞足蹈地在打电话，虽然他从头到脚都穿得破烂不堪，但能感觉到他十分快乐。安德鲁羡慕地向电话亭走去，因为安德鲁的突然出现，吓到了打电话的人。电话亭里的人紧张地看着安德鲁，等了一会儿，他发现安德鲁并没有恶意，就对着电话说了一声：“我还有事，明天再给你打电话。”说完那人就匆匆离开了。安德鲁发现那人不仅穷困潦倒，脸上的伤疤也未痊愈，而且还拖着一条伤腿。安德鲁来到电话亭，好奇心驱使他翻看了电话记录，他想知道这样的人会给谁打电话，可是安德鲁并没有找到通话记录，那人只是在自言自语。安德鲁心想：天气如此寒冷，那个流浪汉竟然能兴致勃勃地和自己对话这么久。他都能如此快乐，我为什么要这样沮丧呢？

几年后，安德鲁如愿地在家乡开了店，并且生意很红火。看着健康快乐的父母和妻儿，他感觉很幸福也很满足。安德鲁会永远记住，那个改变他命运的流浪汉。

成功课堂

不要因为一时的困难，从此一蹶不振。也许在这个世界上还有很多比我们更不幸的人，他们都能坚强地活下去，我们为什么不行呢？坚强勇敢地去生活，美好的未来就会属于你。

佛像的启示：在磨炼中成长

母亲把女儿送到了舞蹈学院，老师非常喜欢这个天生丽质的女孩，因此对她的要求也更加严格。虽然女孩在舞蹈方面很有天赋，但艰苦的训练让她又很想放弃。

一天，还没到放学时间，女孩突然回家了。母亲既惊讶又疑惑地问："孩子，还没到下课时间，你怎么就回来了？"女孩没有回答母亲的问题，直接进了自己的房间。母亲默默地看着女儿的背影，随后跟了进去，母亲发现女儿正在哭泣。母亲心疼地对女儿说："我的宝贝，谁欺负你了？"女孩摇着头回答："练舞实在太痛苦，我不学了。"母亲笑了笑说："我的孩子，像你这么好的条件，不学舞蹈会不会太可惜了？"女孩依然摇着头委屈地哭着。母亲想了想说："我给你讲个故事吧。在一个村庄里，有一座很宏伟的寺庙，村民们想在这里铸造一尊精美的佛像，来保佑他们永远平安。玉帝得知此事，便派天将下凡来完成这个任务。下凡的天将为此选了两块大石头，一块质地细腻光滑，而另一块相对粗糙一些。天将本想用优良的石头做佛像，然而凿斧刚碰到石头，就听它尖声地喊道，'哎呀，你要干什么啊，这个破铁块把我弄疼了！'天将听后说，'你先忍耐一下，它可以让你变成万人敬仰的佛像，疼痛只是短暂的'。随即，天将又继续干了起来，可石头依旧大声地叫嚷，并且还不停地扭动身体。无奈，天将只好选用另一块质地粗糙的石头。这块石头从始至终没有发出一点声音，它为能成为佛像而感到光荣。不久，精美的佛像雕刻好了，因为寺庙的宏伟和佛像的精美，很多人都喜欢来这里祈福烧香。时间久了，寺庙前的道路被严重损坏，因此村里人决定用剩下的那块石头铺路。可怜的石头虽然不情愿，但终究还是被埋在地下，一辈子都在忍受人们的踩踏和车轮的碾压，没有人能听到它的喊叫声。而那块被雕刻成佛像的石头，虽然雕刻过程十分痛苦，但现在却得到了人们的爱戴。”

故事讲完后，母亲温柔地摸着女儿的头说：“孩子，妈妈这样做是希望你不会像那块优质的石头一样，被永远地埋没。”女孩擦干眼泪，对母亲说：“妈妈，您放心，我会坚强起来的！”

成功课堂

美玉只有经过雕琢，才能展现出它的与众不同。再优秀的人，也要经过挫折来磨炼，才能成为人中龙凤。如果没有吃苦的精神，一味贪图享乐，再出色的人也会被社会所淘汰。

成功的代价：成功者的背后

某报社资深记者布伦特现已退休，在其二十年记者生涯中，采访过的名人数不胜数，最让他难忘的就是对企业家唐纳德的采访。

唐纳德没有高深的学历，也没有聪慧的头脑，但人们依然崇拜他，甚至把他视为神。十八岁的唐纳德，高中没毕业就退了学，独自一人出去闯荡。那时，唐纳德的家人只求他一生平安无事，再无他想。刚出校门的唐纳德为了生计，什么苦工累活都干，但没多久便辞职了，最后经朋友介绍做了销售员。公司为了拓展市场，让唐纳德带着产品去乡下做推销。唐纳德独自一人来到乡下，然而人生地不熟使工作开展起来非常困难，四个月后工作才开始慢慢走上正轨，随后他的业绩也开始突飞猛进，公司因此升他为区域经理。当布伦特对他进行专访时，唐纳德已经四十多岁了，他旗下经营的产品有上百种，公司也早在十年前就已经上市。布伦特激动地说：“唐纳德先生，您好！非常感谢您能接受我们的采访。这次的主题是‘如何成为成功的企业家’，我们都觉得您很轻松就取得了成功，所以都想知道您的秘诀是什么？”唐纳德笑了笑，说：“我只

能告诉你们,想要成功就要敢于面对自己的失败。成功没有固定模式,单纯的效仿只是在浪费时间。而且凡是成功者,他们都为此付出过巨大的代价,只是你们不知道。”接着,唐纳德把布伦特带进自己的办公室,刚一进来布伦特就看见一盒化妆品,接着是汽车模型、电脑配件,还有各种家电的模型,等等。而办公桌上却摆着泥瓦匠用的一些工具,还有手表和电吹风。布伦特疑惑地看着唐纳德问:“您在桌子上放这些老掉牙的东西干什么?难道您办公还会用到这些?”这时,唐纳德指着那盒化妆品说:“是它让我成功的,然而我最开始推销的是手表,但业绩很不理想,转而销售吹风机却不尽如人意。最后,我才推销的化妆品。你们只看到了成功的我,却不知道我也曾做过苦力当过小工。我是用这些东西来提醒自己,现在的成功是用多次失败换来的,所以就算再次失败也不需要畏惧,因为我会因此得到更大的成功。”

布伦特敬佩地看着唐纳德,认真记下他说的每一句话。

成功课堂

每一个成功者的背后,都有着无数次的失败,只是他们总会坚强地站起来,用失败后的教训造就未来的辉煌。

詹森的烦恼:成功就像爬楼梯

詹森是某知名出版社的实习编辑,报社领导要求每人写一本名人自传,作为实习考核内容,依此选出两名优秀者给予转正,正式与出版社签订合同。实习人员有百人,只能录取两名,竞争压力显而易见。

詹森对经济学很有研究,虽然他一直是文科优等生,但商业风险投资类的书籍他也很喜欢，他的朋友也有很多是从事这方面工作的，所以詹森想要找个成功的企业家，作为这次写作的对象。内向的詹森，文笔很好，但不太擅长与人沟通，可是想要写好人物自传类的文章，必须通过交谈才能得到丰富的写作资料。因此，如何选择采访对象和采访内容很让詹森苦恼。他找来好朋友帮忙出主意，一位叫克林的朋友说："我们公司老板艾德里安，就是一位很好的人选。他是年轻有为的成功代表，而且为人和善，你采访他一定行。"詹森依然很犹豫，不论朋友们怎样劝他，詹森就是不敢去。克林很无奈，但他又想帮詹森，所以克林自己给老板打了电话。看着被吓得脸色苍白的詹森，克林说："总裁先生，我有位编辑朋友想为您写本自传，不知您什么时候有空儿，能和他详细谈谈？"詹森既期待又紧张地盯着话筒，克林说："好的，就定在后天的上午，十点钟他会准时到达。谢谢您，再见。"詹森脸上这才浮现出一丝笑容，他发现这事做起来其实并不难。

在克林的帮助下，詹森顺利地与出版社签订了合同，又因为他的书很畅销，在出版社里的地位也随之高升。

成功课堂

成功就像上楼梯，不要被一个个的台阶吓倒，只要你勇于向前迈步，总有一天可以走到最顶层。

泥泞的路：风雨带来的成功

初春的早晨有些寒凉，某寺院的僧人们都已经起床，各尽其责地忙碌起来。

吃过早饭后，住持就要带领大家念经了，清点人数时他发现一名法号叫南慧的僧人没有到。住持询问在场的所有僧者，都说没有看到南慧。于是，住持安排僧者先在这里打坐等候，自己则去了南慧的禅房。推开房门，住持看到南慧还在睡觉，他生气地说："你怎么到现在还没有起床？"南慧懒洋洋地说："我不想做行脚僧，太累了。为什么他们就可以在寺里修行，而我却要辛苦地出去化缘。"其实，住持早就看出南慧有怨气，就把他从床上拉起来，说："穿好衣服跟我出来，我有东西给你看。"南慧还以为住持要给他什么奖励，立即穿上衣服跟了出来。因为昨晚下了一夜的雨，现在外面还很湿滑，南慧刚从屋里出来就差点滑了一跤。南慧抱怨说："住持，您要带我去哪里啊？路上都是泥，把我的鞋都弄脏了。"住持低着头一边走一边问："南慧你想成为得道高僧吗？"南慧激动地说："我当然想！"住持点了点头，又说："你昨天有路过这里吗？"南慧说："是的，每天都要从这里路过。"住持又问："现在能找到你昨天留下的脚印吗？"南慧疑惑地说："找不到，昨天这里的路很平很硬，怎么可能留下脚印。住持，您到底要问我什么啊？"住持继续说："怎样才能看到脚印呢？"南慧不耐烦地回答："像现在这样，泥泞的道路就能留下脚印了。"住持拍了拍南慧的肩膀，说："那你懂什么叫一步一个脚印、踏实地做事吗？"

此时，南慧已经羞愧地低下了头。住持严肃地对他说："风雨会让我们前方的道路变得泥泞、湿滑，但也会留下印记，从而证明我们每一步都走得很坚定。不经历风雨的人，注定会虚度一生。"

成功课堂

风雨能够阻碍我们成功，但它也是我们成功的见证者。能经受住风雨考验的人，一定是生活中的强者，这不正是我们一生所追求的目标吗？

女儿学插秧：有一个确定的目标

懂事的女儿看到母亲正弯腰在田里辛苦地插着秧苗，豆大的汗珠不断地从她的脸上滴下。

女儿走过去，心疼地说：“妈妈，您歇会儿，我来干。”母亲摇了摇头，说：“没关系，秧苗要尽早栽上，你不会，还是我自己来吧！”女儿固执地说：“我还没试过，怎么就知道不行？”说完，女儿就拿过一把秧苗，学着母亲的样子干了起来。可是，一行还没栽完，母亲就笑了。女儿不解地看着母亲问：“您笑什么啊？”母亲指了指地上，女儿这才发现自己栽的秧苗歪七扭八不说，竟然有的还栽到母亲栽过的那行里。女儿不好意思地说：“妈妈，您教教我吧！”母亲和蔼地说：“其实很简单，只要在你的前方找到一个事物作为标准，顺着栽下去就可以了。”女儿按照母亲教的方法继续插秧苗。可是，她发现虽然没有刚才那么乱了，但是还是不直。女儿沮丧地问母亲：“妈妈，我为什么还是插不直呢？”母亲一边为女儿擦汗一边问：“你的标准物是什么？”女儿指了指前方的牛说：“就是正在吃草的牛。”母亲摇摇头说：“牛一直在动，它歪了你必然会跟着变斜。所以，你要找一个静止的事物作为标准。”女儿点点头，说：“选前面的树行吗？”母亲满意地笑了。

成功课堂

随着年龄的增长，我们的理想也会发生变化，但大的方向不能改变，不然就会走弯路。只有明确目标，才能使我们的路越走越直，离成功也就越来越近。

谁是第一：认准目标向前冲

从小学到初中，温妮一直都是年级第一。然而，温妮在升入高

中一年级后，“永远第一”的神话被打破了。现在，不论大试小考奥森总是排名第一，而温妮却总因一两分之差排名第二。

温妮从小的优越感，因为奥森的出现而彻底消失。从此，温妮在学习上更加努力，除了吃饭和睡觉，其余时间全部用来学习。经过一个学期的努力，终于等到期中考试，温妮自信满满地答完所有题目，并且自认为考得很好。可是，卷子发回来时温妮傻了，她依然没有考过奥森，而且还是只差了一两分。温妮跑到校园里痛哭起来，她想不明白，自己已经很努力了，为什么还是考不过奥森呢？

此时，温妮的班主任正巧从此经过，温妮跑过去委屈地问：“老师，我已经很努力了，可为什么总是得不了第一呢？难道我从此只能考第二名吗？”班主任说：“孩子，你考过第一吗？”温妮大声地说：“当然，在这之前我可是年年第一。”班主任笑了笑，说：“那好，请你擦干眼泪，上课去吧！”温妮迷茫地望着远去的老师，站了很久才离开。

温妮依然刻苦读书，始终把奥森作为目标，但她一直都是排名第二。只是每次考试后，班主任都会问温妮同样的问题：“你考过第一吗？”温妮永远都回答说：“当然！”结果，最后一次考试，温妮竟然考过了奥森。这次考试就是高考，温妮以全国第一名的优异成绩，考上美国最优秀的大学。直到这时，温妮才理解了班主任的话，她激动地对老师说：“我终于明白了，您为什么总要问我同一个问题。真的非常感谢您！”老师笑着说：“不要谢我，这是你自己努力的结果，我只是在提醒你，坚持到最后才是真正的成功。有了目标就要努力去实现，不要只看到现在的失败，没有常胜将军，也没有永远失败的士兵。你要记住只要不气馁，就一定能取得最终的胜利。”

成功课堂

确定目标后，就要为目标而努力，不管过程多艰辛，也不管有多少挫折，我们都必须坚强地走下去。因为成功只属于勇敢者，只要不放弃，它就会一直在前方等着你。

鲮鱼和鲦鱼：再试一次的勇气

某化学系教授，总会给他的新生做这样一个实验：把准备好的鲮鱼和鲦鱼，放在同一个浴缸内，但要用厚厚的玻璃把两种不同的鱼隔开。学生们发现，鲮鱼见到鲦鱼后就会对其进行猛烈攻击，这是因为鲦鱼是鲮鱼最喜爱的食物。但是，横在它们之间的玻璃又会阻挡鲮鱼的进攻。几分钟后，就会看到鲮鱼们一个个遍体鳞伤，并无奈地停止进攻。这时，教授就会把厚厚的玻璃取出，让两种鱼混游在一起。然而，鲮鱼仍然没有任何反应，就算是鲦鱼和它擦身而过，甚至是对它进行挑衅，鲮鱼依然视而不见。之后，教授就把鱼缸放在教室里，让学生们自己喂养。

一个星期后，学生们会发现鲮鱼全部死亡，而鲦鱼却安然无恙。大家疑惑地问教授："鲮鱼为什么不把鲦鱼吃掉呢？"教授说："因为他们失去了吃鲦鱼的勇气。让你们做这个实验，是要告诉你们，不要因为曾经的失败而丧失了再次尝试的勇气。在学习的过程中，可能会遇到很多挫折，但你们要记住，机会只会留给不断争取的那一方，放弃就意味着永远失去。"

成功课堂

其实，我们有时和鲮鱼一样，因为之前的多次失败而选择放弃，即使机会就在身边，也没有了再试一次的勇气。

珍贵的对话：要有冒险精神

德里克是一名高级宠物美容师，他在爱尔兰宠物界小有名气。

可是，德里克并不满足于现状，他的梦想是去日本进修，学习更尖端的美容技巧，从而闻名全世界。然而，爱尔兰有他的家人和朋友，并且月收入也很可观，他担心去了日本既得不到认可，又没有了丰厚的收入，从而导致家人的生活没有了保障。

德里克因为此事非常苦恼。一天，他特意跑到动物园，想让这里的动物分散自己的注意力，缓解一下郁闷的心情。坐在长椅上休息时，德里克听到一个小姑娘问母亲："妈妈，小松鼠为什么总是在树上跳来跳去，它们不怕掉下来吗？这样不会很累吗？"母亲温柔地说："我的宝贝，小松鼠们这样做是为了找到最好吃的坚果。就像我们明知道学习很辛苦，但又必须努力去学一样，它们如果不这样跳来跳去，只停留在一棵树上，那么坚果吃光了它们不就饿死了嘛。小松鼠也许会因此从树上摔下来，但如果跳跃成功了它们就会得到丰富的食物。所以，它们会勇敢地跳出去，这也是在为拥有美好的未来做努力啊！妈妈希望我的宝贝也能像小松鼠一样勇敢。"母女俩的对话，被德里克一字不落地记在了心里。他想，松鼠都能如此勇敢，我为什么不能呢？

于是，德里克立刻回家收拾好行李，在向家人告别后就飞往了日本。到了日本，德里克首先给原来的公司发了封辞职邮件，然后又找了份薪水还算不错的工作，便开始了长达两年的求学生涯。在此期间，德里克总是省吃俭用，扣除必要的开支后，他会把剩下的钱全部寄回家里。白天上班晚上自学，节假日还要赶去上课，尽管很辛苦，德里克仍然咬牙坚持下来了。当德里克重新回到爱尔兰后，顺利地找到了一份月薪是从前三倍的工作，家人的生活也因此更加优越。现在的德里克感到无比幸福和满足，他很庆幸能听到那对母女的对话，是那些话让他得到了现在的一切。

成功课堂

不去尝试就不可能成功，也许失败的概率是百分之九十，但我们也要勇敢地为百分之十的成功率而努力。因为只有尝试才有可能改变命运，要知道风险越大得到的也就越多，想要拥有精彩的人生，就要付出比常人更多的代价。

重新写一次：调整心态重新再来

想必大家都知道，《法国大革命史》是由托马斯·卡莱尔写成的。但你们一定不知道，卡莱尔写过两遍《法国大革命史》，而我们所看到的是他第二遍写成的作品。

大家一定会问，卡莱尔为什么要写两遍呢？其实，卡莱尔自己也不想，只因第一遍的作品被他好朋友的仆人烧掉了，心地善良的卡莱尔没有去责备他的朋友及其仆人，他曾这样对朋友说："我把书给你，是想让你帮我看看有没有不足的地方。现在没有了，我确实很伤心，它可是我多少年呕心沥血的成果啊！但再伤心也无法挽回了，就当是被老师打回的作业，重新写好了。"

于是，卡莱尔又重新调整心情，再次投入到写作当中，这才有了我们现在看到的《法国大革命史》。虽然只有卡莱尔的朋友看过《法国大革命史》的初稿，但很多学者都坚信第二次写得更完美。

成功课堂

托马斯·卡莱尔曾经说过，"未哭过长夜的人，不足以语人生"。在为失败大哭之后，才能真正感悟人生。所以，我们不要害怕失败或失去，只要能重新振奋精神，一切都会更加美好。

好莱坞演员：怀揣梦想勇往直前

“这个男孩太幸运了，像他这种人能进好莱坞，实属不易。”一位经验丰富的影评家一边擦着眼泪一边说。以前也看过不少感人影片，但还没有一部能让他如此感动。

这部影片的主角是丹尼尔，他从小就梦想上电视，十多岁时就立志要成为一名好莱坞演员。然而，在丹尼尔刚出生时，父母就被告知他先天性大脑发育不良，最好直接送到疯人院。丹尼尔的父母没有那样做，但为此他们吃了很多苦。四岁的丹尼尔，还不能像常人一样行走，不论去哪里都要有家人陪同。上学之前，丹尼尔会指着鼻子说是嘴巴，更让父母苦恼的是他不能正常与人交流。直到后来，丹尼尔被送到弱智学校，情况才有些改观，至少他能清楚地表达自己的意思。有时，丹尼尔还会很乖地对母亲说：“妈妈，我爱你！”每当听到这句话，母亲都会流下幸福的泪水。

丹尼尔八岁那年，因为看到别的小朋友参加了电视上某个少儿综艺节目，所以他也吵着要上电视。父亲无奈地说：“我的孩子，你这辈子都不可能上电视。”可是，丹尼尔却没有放弃，他开始模仿电视上的舞蹈，或是学人唱歌。终于有一天，丹尼尔的老师允许他在联欢会上表演一次，虽然没能上电视，但他依然很高兴。为了这次表演，丹尼尔用了一个月的时间来练习跳舞。联欢会那天，恰巧有位导演观看了孩子们的演出，开朗活泼的丹尼尔给他留下了深刻的印象。当丹尼尔毕业后，那位导演突然找到他，问他是否愿意在自己的新片里演一个小角色，丹尼尔当时满心欢喜地答应了导演的邀请。然而，这部戏因为资金问题，最终没能完成。

沮丧的丹尼尔回到家后，在父母的帮助下找到了一个不错的工作。之后，丹尼尔的母亲对他说：“我的孩子，不要再梦想去好莱坞了，只要你能平平安安，我们就已经很知足了，不要再让妈妈为你担心好吗？”丹尼尔只好勉强答应了母亲，但那个梦一直留在他的心里。

几年后，那位导演又来找丹尼尔，因为资金的问题已经解决，他希望丹尼尔能继续出演，导演还专门为丹尼尔改写了剧本。因此，丹尼尔又重新看了剧本，他认为新剧里的主人公和自己的经历很像，所以痛快地接下了这部戏。在实拍的过程中，丹尼尔表现得非常好，不仅语言通畅，而且眼神和动作也很到位。

当新戏播出后，观众马上被丹尼尔的真情所打动，一夜之间他拥有了成千上万的影迷。各综艺节目的邀请函也蜂拥而至，丹尼尔在一次记者会上被问到是怎样成功的，他平静地说：“我只是一直在努力让自己成为一个有用的人，目的是为了帮父母减少负担。当然，当演员是我一直的梦想，能够实现我也很高兴。”

成功课堂

丹尼尔之所以能成功，是因为他一直没有放弃梦想。事实上，只要我们怀揣美好的梦想，并为之而不懈努力，我们就有机会获得成功。

空中飞人：失败使成功更珍贵

阿尔瓦是一个杂技爱好者，但因为身体残疾，所以没能从事这个职业。可阿尔瓦依旧对杂技有着浓厚的兴趣，他常常在家人的陪同下观看各种大型杂技表演。

阿尔瓦二十五岁生日时，朋友们为了让他开心，便带他去观看某著名杂技演员的演出。因为演出很精彩，现场观众都很兴奋，他们时常集体起立，为演员报以热烈的掌声。演员们为了答谢观众的热情，在演出即将结束时，决定新增一个节目：三十公尺的凌空

飞跃。不过，主持人又说："这个节目是新研究出来的，不敢保证一定能成功。"但此时的观众都已经屏住呼吸、睁大双眼，开始期待这惊心动魄的一瞬间。可能是体力消耗过大，中间环节没有协调好，所以第一次试飞失败了。接着，场内便一片混乱，观众们全都失望地摇着头，并准备散场。这时，主持人突然大喊一声："请等一等！"场内又重新安静下来。主持人接着说："演员希望你们能再给他们一次机会，我们再给他们一些鼓励和勇气好吗？"观众席上瞬间响起热烈的掌声，在观众的期待声中，演员们开始了第二次试飞，这次成功了。此时，场内一片沸腾，观众都在为演员们的精彩表演欢呼和呐喊。

阿尔瓦激动地来到后台，他要当面向演员表达自己的敬佩之情。随后，阿尔瓦还关切地问："第一次的失败，没有让你们受伤吧？"其中一个演员难为情地说："其实，那个失误我们是故意的，目的是为了烘托场内的气氛，希望您不要因此而生气。"阿尔瓦笑了笑，说："我怎么会生气，虽然是故意的，但表演得很成功，我们并没有看出破绽，这样只能说明你们非常有默契，让我们更佩服你们的演技。"

成功课堂

生活中，我们常常会满心期待地去迎接成功，然而等到的往往是失败。但当你在失败过后，再次努力最终取得成功时，往往会更加高兴。正如一位哲人所说："有时失败也是一种美，它会让成功更珍贵。"

用脚驾驶飞机：展开梦想的翅膀

很难想象一位无臂人，如何能考取汽车和飞机驾驶证，然而美国女孩杰西卡却做到了，她是第一个用双脚开飞机的人。

不幸的杰西卡，从出生就没有双臂，直到现在医学界都无法解释这个问题。父母曾经给她装过一副精致的假臂，但这只能让杰西卡更自卑。在学校，她只能在一旁看着同学们无忧无虑荡着秋千，玩各种各样的娱乐器械，他们的笑声每时每刻都在刺激着杰西卡。为了让她高兴，父母决定带她去郊游。这时，一位老人向她走来，说："孩子，你为什么垂头丧气呢？"杰西卡害羞地说："因为我没有双臂，同学们都笑话我，更没有人愿意和我玩。我很羡慕天上的小鸟，我也想像它们一样自由自在地飞上蓝天。"老人慈祥地说："我的孩子，你要知道，当上帝对你关上一扇门时，会有另一扇门从此永远为你敞开。不要伤心，只要努力你迟早会得到人们的欣赏。"听了老人的话，杰西卡振作了起来。

杰西卡开始学习用脚写字，并慢慢地学会了穿衣、吃饭、洗澡等一些日常活动，她不再需要父母的照料。杰西卡还强迫自己学习游泳和打字，为此尝尽了苦头和失败，但她仍勇敢地坚持下去。之后，杰西卡又学习了跆拳道、汽车驾驶，为实现飞上蓝天的梦想，她付出了比常人要多几十倍的努力和汗水，用了三年的时间考取了飞行员驾驶证。她可以熟练地用一只脚控制面板，再用另一只脚操纵驾驶杆，由她驾驶的飞机飞得很平稳，这让任何一个飞机教练都感到非常惊讶，杰西卡的父母也为此感到更加骄傲。

成功课堂

身残志坚的杰西卡用行动实现了自己的梦想。青少年朋友们，我们更应该展开梦想的翅膀，勇敢地飞向蓝天，不论是身体的残疾还是生活中的困难，都无法与我们强有力的心灵去抗衡，让我们勇敢地面对苦难，向美好的未来进军！

第五章　积极心态，有阳光，有欢乐

请努力做一个拥有积极心态的人。心态积极的人，乐观、不怕困难、善于行动；心态积极的人，热情、心理健康、人际关系和谐；心态积极的人，在事业上要比那些消极颓废的人更容易获得成功。

美好与糟糕：快乐的根源

美国是一个生活节奏较快的国家，那里的人们为了不被社会淘汰，每天都要拿出十二分的精神去面对生活。

学习营销专业的加里，在毕业后也成功地加入了忙碌的行列。幸运的加里顺利找到了与自己专业对口的销售工作，只是刚毕业的他没有什么工作经验，只能从普通的销售员做起。

销售部经理艾略特是一个很讲究效率又很阳光的年轻人，他到公司的第一句话就是："同仁们早上好，美好的一天开始了！"接着，同事们也会兴奋地说："是的，美好的一天开始了！"然而，加里却很讨厌这句话，因为还没有适应紧张的生活节奏，所以工作对他来说负担很重，并没有什么美好可言。

这天，经理照旧冲大家热情地打招呼，其他同事也都热情地给予回应，唯独加里无精打采地趴在桌子上毫无反应。经理艾略特看到这么颓废的加里后，又大声地对加里说："美好的一天开始了！"被吓了一跳的加里精神恍惚地说："我觉得应该是糟糕的一天吧！”艾略特说：“好，那你就去过糟糕的一天吧！”艾略特走后，加里重新趴在桌子上，不知不觉中便睡着了。

突然，一阵慌乱的脚步声吵醒了加里，他迷迷糊糊地问同事：“你们这是要干什么去？”同事说：“今天经理向我们传授销售经验，大家都赶着去抢一个好位置呢！”之后，加里也随着同事们来到了会议室，可当艾略特看到加里时，却对他说：“你不需要来这里。”加里不解地问：“为什么？”艾略特回答说：“你正在过糟糕的一天，今天的内容对你没有任何意义，所以请你离开，不要耽误我们的时间。”加里很不情愿地回到办公室，继续趴在桌子上睡觉。

中午时，加里被饿醒了，他来到食堂，发现别人正兴高采烈地谈论着今天学到的销售经验和方法。加里因为没有话题所以无法融入其中，只能独自吃着午饭。吃完后，同事们都信心十足地去工作了，加里也无精打采地跟在他们后面，看着别人积极地向顾客推销产品，加里既羡慕又嫉妒。

下班前，大家又都来到经理办公室，向经理汇报今天的战果，每个人都得到了经理的赞赏和嘉奖，而加里因为没有销售业绩，所以在经理面前无话可说。看着别人拿着奖金快乐地回家去了，加里心里很不是滋味，郁闷的情绪让他伤心地哭了起来。

这时，艾略特走过来，说：“你已经过上了自己想要的糟糕生活，为什么还要哭泣？”加里擦着眼泪说：“谁想过糟糕的生活了？”艾略特说：“早上是你自己亲口和我说的啊！”听到这句话，加里羞愧地低下了头，小声说：“我还是想过美好的生活。”艾略特笑了笑说：“明天你早到一个小时，我会把今天的课程给你补上。”

第二天，加里早早就来到了公司，当看到艾略特后便兴奋地说：“经理早，美好的一天开始了。”艾略特也兴奋地回应了他。从那天起，加里不仅心情好了，工作效率也提高了，没多久就被调到其他地区做了销售经理。

成功课堂

情绪的好与坏，完全取决于我们自己的态度。积极乐观的生活态度，是我们成功的基本条件之一。

一粒纽扣：不要被细节影响

爱美的丹尼像所有年轻女孩一样，希望能拥有一件与众不同的连衣裙。薪水刚刚拿到手，丹尼就迫不及待地买下了那件心仪已久的裙子。限量版的裙子，引来了所有同事的赞美。

美丽的裙子为丹尼提升了回头率，更增强了自信心。不巧的是，丹尼在挤公交车回家时，不小心把裙子上的一粒纽扣弄丢了。因为裙子不再完美让丹尼很沮丧，她跑遍了附近所有商场，都没能买到相同的纽扣。第二天，丹尼只能穿着普通的衣服去上班。没有了回头率让她很失落，其他女同事的指指点点更增添了她的烦恼。压抑的情绪让丹尼不能专心工作，经理因此也对她提出了多次警告。消极的情绪弥漫在丹尼的生活中，就像毒气一样让她感到窒息。

周日，闺蜜来找丹尼玩，无意间看到了那条美丽的裙子。闺蜜问："丹尼，这么漂亮的裙子怎么没见你穿啊？你要是不穿我可拿走了。"丹尼沮丧地说："我是很想穿它，只因掉了一枚纽扣，显得很不协调，只能先放在那里了。"闺蜜微笑着说："我说亲爱的，这点事也能把你愁成这样啊？如果买不到相同的扣子，就把其他的扣子都换成新的，这样不就协调了嘛！"闺蜜的话让丹尼豁然开朗，她立即把裙子上的扣子全部换成了新的。

现在的裙子依然漂亮如初，丹尼又重新找回了自信，工作效率也随之得到了很大的提高，她的生活又充满了阳光和欢笑。

成功课堂

不要因为某个细节而影响整个生活。好的心态,会让我们的生活变得更轻松,欢乐也会随之伴随我们左右。

不同人生:一切都要靠自己

大慈善家马尔斯,是一个成功的商人。因为事业上的成功让很多人认识了他,又因为马尔斯曾经救助过多名患重病的穷苦儿童,所以经常会有一些人来向他求助,善良的马尔斯总是会无偿地帮助他们。

一天下班回家的路上,马尔斯在车上专心研究资料,突然的急刹车让资料全部混在了一起。马尔斯不满地抬头问司机:"发生了什么事情?怎么这么不小心?"司机抱歉地说:"对不起总裁,有人在前面拦车子,我现在就去把他赶走。"马尔斯说:"不用了,我去看看,你在车上等着。"说完,马尔斯便下了车,他看到一位中年男子站在车前,便问:"先生,您为什么拦住我的去路?"中年男子说:"请问您是马尔斯先生吗?"马尔斯发现这名男子竟是个盲人,说:"是的,我就是马尔斯。"中年男子立即激动地抱住马尔斯,说:"先生,我是汽车配件销售员,我的老板想与贵公司合作进行产品开发和市场推广。希望您能看在我是个瞎子的分上帮帮我,只要您能同意,我就可以成为这家汽车配件厂的挂名总裁。您也看到了,我是个可怜的瞎子,很难找到工作。我的老板说了,只要能拉到您这个投资商,我下辈子就可以衣食无忧。"马尔斯无奈地摇摇头,说:"对不起,我已经下班了,有什么事明天到我公司说吧!"中年男子知道自己被拒绝了,大声地吼道:"什么大善人,其实就是在人们面前作

秀。我如此的肯求，你都不愿帮助我，看来有钱人都是一样势利。”马尔斯笑了笑说：“先生我并没有说不帮您，只是要您明天再来找我。”中年男子说：“你们的门卫看到我是个瞎子，根本就不会让我进去的。我就是倒霉，眼睛看不见了，还要受别人的歧视和侮辱，还有比我更可怜的人吗？”看着张牙舞爪、几近疯狂的男子，马尔斯无奈地说：“先生，请您冷静些，这是公共场所，请保持形象。”中年男子更加激动地喊道：“我已经这样可怜了，你们为什么还要如此歧视我，和我这样的人在一起让你很没面子吧？你只要答应了，我马上就走，不然我就死在这里。”

这时，马尔斯脸色大变，严厉地呵斥道：“先生，请您自重！我虽然能看得到，但我只有通过您的口型，才能知道您在对我说什么。车祸虽然夺走了我的听力，但我并没有像您这样用自己的残缺来博得别人的同情！”

成功课堂

残疾并不可怕，只要振奋精神努力拼搏，同样可以赢得别人的尊重。残疾人更应该自重，不要用自己的残缺去换取别人的同情，那样只能让别人更看不起你。

慧巅小和尚：心态的影响

生性活泼的慧巅小和尚经常和师父一起上山砍柴，偶尔也会独自一人来山上采草药。因此，慧巅很了解这里的地形，并熟知上山的路线。

一天，慧巅的师兄在比武大会上受了重伤，他必须连夜上山采药为师兄治疗。然而，在赶回寺庙的途中，慧巅踩到一个软绵绵的东西，他不由得停下脚步。慧巅想知道自己踩的是什么，但月光被大树遮挡，连此物的轮廓都看不清楚，他只能伸手去摸，凭感觉来判断。接着，慧巅就摸到了一堆带有颗粒的黏稠物。他误以为踩死了一只怀孕的田蛙，随即跪了下来，嘴里还不停地念着："罪过啊，罪过！望佛祖饶恕，我无心加害于它，只因救师兄心切，不想却误杀了它，明日我一定专程来为它超度。"慧巅说完，便继续向寺里赶去。心神不宁的慧巅一夜都没能入睡，天一亮就拿着东西跑到昨晚经过的菜地，他是想通过为田蛙超度来减轻自己的罪过。可当慧巅来到菜地时，发现自己踩到的不是田蛙，而是一根老黄瓜，摸到的颗粒只是瓜种而已。慧巅欣慰地说："幸好是根老黄瓜，不然我要为此内疚一辈子。"于是，慧巅高兴地向寺庙跑去，由于速度过快，来不及躲闪而撞倒了门口的老方丈。慧巅急忙把方丈扶起，又愧疚地向方丈道歉。方丈站起来，故作生气地说："一大清早就这么鲁莽！是什么事让你如此兴奋啊？"慧巅便把事情的前因后果详细地对方丈说了一遍。

方丈一直认为慧巅很有慧根，便想借此事来点化他。于是，方丈问慧巅："如果昨晚你发现被踩到的是一根老黄瓜，你还会为此一夜不睡吗？"慧巅摇了摇头说："那肯定不会了。"

方丈又问："那如果昨晚你真的踩死了一只田蛙，但以为是一根老黄瓜，你会为此一夜不睡吗？"慧巅又摇了摇头说："这样当然也不会了。"

方丈接着问："那如果昨晚你不知道踩到的是什么，今早才发现被自己踩死了一只田蛙，你会怎么样？"慧巅回答说："那肯定很愧疚啊！"突然，慧巅激动地对方丈说："方丈您是在告诉我，人的喜怒源自于心。想要修行成佛，就要彻悟真心。"

慧巅的话让方丈大感欣慰，因为他找到了接替方丈之位的最佳人选。

成功课堂

我们遇事的态度，都是受到了心的影响。积极乐观的心态，可以让复杂的事情变简单，更会使生活中的困难迎刃而解。

寻找快乐：欢乐常伴左右

17 世纪初，在一个神秘的国度里诞生了一位王子，他的名字叫摩尔。在摩尔出生那天，一把钥匙型的玉石从天而降。摩尔的父母都认为，这把钥匙是上帝赐予小王子的宝物，便把它挂在了摩尔的脖子上。很神奇的是，自从戴上这把钥匙后，摩尔就再也没哭过，笑声总是伴随他左右，好像他永远都不会有烦恼似的。

长大后的摩尔很喜欢去森林里打猎，在他十岁生日那天，父亲为了让他开心，特意组织了一场打猎比赛。很多王公贵族都参加了这次活动，这场比赛没有阶级等级之分，所以竞争得非常激烈。比赛结束后，大家愉快地回到了城堡。突然，一阵慌乱的脚步声打破了这愉悦的气氛，所有的大臣和仆人都从城堡里冲出来，重新回到了打猎场。因为摩尔王子的玉钥匙在打猎时弄丢了，大家都紧锁眉头仔细地在草丛中寻找。从傍晚一直找到清晨，仍然没有找到那把玉钥匙。自从玉钥匙丢了之后，摩尔就再也没笑过，他的脸上写满了失望和沮丧，这让大家非常心疼，都想尽办法来哄他开心。可是，摩尔却越来越沉默，他不愿和任何人说话，总是把自己关在屋里发呆。

摩尔的贴身仆人吉丝，看着日渐消瘦的王子既心疼又着急，她决定带摩尔出去散散心。经过一个多小时的开导，摩尔终于同意出门了。吉丝带摩尔去看各种杂技表演，又带他参加了各种民间的娱乐活动。可是，依然没有在摩尔的脸上找到笑容，两人各怀心事地走在大街上。这时已经是傍晚时分，百姓们都开始忙着做晚饭，笑声不断地从民房中传出，摩尔羡慕地从他们的窗下走过。突然，摩尔问吉丝："这是什么味道，怎么会这么香甜？"吉丝顺着味道来到了一家人的窗前说："我的王子，这是烤红薯的味道。"摩尔好奇地问："红薯是什么东西？我怎么没有吃过？"当吉丝想要回答时，这家的女主人突然走出来，微笑着对他们说："年轻人，你们是想进来和我们一起吃晚餐吗？"吉丝不好意思地说："我的主人没有吃过红薯，所以很好奇。"女主人既惊讶又热情地说："竟然有人没吃过红薯，想必他是大户人家的孩子吧？如果不嫌弃，就请进来品尝一下吧。"随后，摩尔便兴奋地跑了进去。主人家还有两个和摩尔年龄相仿的孩子，女孩穿着一件朴素的连衣裙，男孩只穿了一条短裤。虽然两个孩子都没有穿鞋，但他们脸上却洋溢着幸福的笑容，热情地向摩尔和吉丝打招呼。摩尔羡慕地看着他们，身边的吉丝很不好意思地说："对不起，打扰了！我的主人是第一次来到民间，对你们的一切都很好奇，所以才冒昧地闯了进来。"男主人说："没关系，人多更热闹。"这时，摩尔已经坐在了饭桌上，他皱着眉说："你们这是吃的什么啊？味道很好，但样子实在是太难看了。还有你们的这些餐具，根本不能用。"小女孩无所谓地说："这有什么，能吃饱不就行了。我们把红薯当作烤鸡，把米粥当做甜品，这样不就和你们这些有钱人吃的一样了吗？"摩尔又说："你们穿的如此简陋，吃的也是这样清淡，为什么还会如此开心呢？"小男孩笑着说："吃穿都是身外物，只要一家人能平安地在一起，就是幸福的。"

摩尔听到小男孩的话，好像突然想通了什么，开心地笑出了声。吉丝因为重新看到了摩尔王子的笑容，激动地拉住女主人的手说："太感谢你们了，这是我们城堡里所有人所期望的，是你们让我的王子重新找到了快乐。"这时，摩尔默默地说："原来，没有那把钥匙我也一样可以快乐。"

成功课堂

正如一位哲人所说,“喜怒哀乐是生活的调味品,不要因为得失而影响了我们的生活”。积极地享受生活,乐观地面对挫折,我们的生活会因此变得丰富多彩,笑声也会因此常伴我们左右。

愤怒的拉里:换个心态看社会

拉里总是在父亲面前抱怨,不是嫌自己的社会地位太低,就是羡慕那些有钱的成功者。每当这时,父亲就会对他说:“不经历风雨,怎能见到彩虹。年轻人就应该吃点苦,才会懂得珍惜。”可是,拉里依然很消极,生活也因此变得更糟糕。

这天,拉里下班回到家,又开始喋喋不休地抱怨起来,一时愤怒还对某些人进行了辱骂。父亲实在听不下去了,就问:“你今天遇到了什么事情,为什么如此气愤啊?”拉里没好气地说:“今天有个同事升迁了,可他来公司的时间还没我长呢,就是因为他有个当官的爸爸,靠关系就当上了部长。他的能力不比我强,学历也没我高,凭什么他就能升官,而我还要继续辛苦拼搏?”父亲笑着说:“我的孩子,你知道狮子很威猛,但你肯定不知道,狮子会害怕公鸡打鸣。大象很强壮,但它却斗不过蚊子,每到夏天蚊子就会钻进大象的耳朵里,大象只能被气得直跺脚,却始终无法赶走蚊子。也就是说,再强大的人也有自己的弱点,再卑微的人也有成功的时候。不要因为羡慕而嫉妒别人,抱怨社会不公平,当你用乐观的心态观察社会时,就会发现其实社会很美好也很公平。只要积极地去努力,谁都能成为强者。虽然你的同事现在很轻松,但他毕竟没有真才实学,早晚会被社会淘汰,他能享乐一时,却不能无忧一世。”

父亲的话,让拉里懂得了很多。从此以后,他不再抱怨,开始脚踏实地、积极乐观地面对自己的生活。

成功课堂

挫折、不公平都只是暂时的，它们的存在只是为了磨炼我们的意志。经过挫折的磨炼，会让我们变得更加积极乐观，我们的生活也会因此变得更美好。

农场主布兰登：方向的选择

经过多年的努力，布兰登终于实现了成为农场主的梦想。布兰登在自己的农场种下各种各样的果树，现在的他已经辞去以前的工作，专心经营着自己的农场，每年卖水果的钱就有几十万美元。

布兰登非常享受现在的田园生活，每天看着那些可爱的果实，他就能闻到幸福的味道。可惜好景不长，在一次雷雨交加的晚上，因为闪电引起了一场大火，布兰登农场里的果树无一幸免，全部被烧毁。看着被火烧焦的果树，布兰登伤心地流下了眼泪，他在农场坐了整整一天。晚上，在家人的劝说下，布兰登才很不情愿地回了家，茶饭不思的他憔悴了很多。儿女为了让布兰登高兴起来，决定请假带布兰登出去吃野餐。一路上大家都有说有笑，只有布兰登一人闷闷不乐。中午时，大家选了一个风景优美的地方停下来，拿出了烧烤需要的所有工具，愉快地边烤边吃起来。而布兰登却像发现新大陆似的，一直盯着烧烤用的木炭看。女儿好奇地问：“爸爸，您看什么呢？”布兰登若有所思地说：“烧烤用的炭，是不是就是用树木制成的？”儿子无奈地说：“爸，我看您是伤心过度，脑子受刺激了吧？木炭当然是用木头制成的了。”对于儿子的不敬，布兰登并没有在意，反而看着木炭笑了起来。布兰登如此大的情绪变化把家人吓了一跳，为此野餐早早结束了。刚到家，布兰登就立即与木炭制造商联系，在大家迷茫的眼神中，布兰登顺利地把烧毁的果木卖了出去。

一个星期后，被烧毁的果木全部被运走了，布兰登拿回了自己的本钱，又重新买了一批新树苗种到了农场里，布兰登再次过上了快乐的田园生活。

成功课堂

生活中时刻充满着危机，就看我们用什么样的心态去面对。失败只是成功路上的一个十字路口，只要我们找对了方向，依然可以勇往直前。

超人的一生：跟着路标向前走

1952 年 9 月 25 日，美国纽约出生了一位被世人称为“超人”的男孩，他就是克里斯朵夫·李维。从小就喜欢表演的克里斯朵夫，在读完大学后就来到朱利亚德戏剧学院进修戏剧。1977 年成功登上了电视荧屏。

克里斯朵夫一直都在很努力地演好每一个角色，通过多年的努力他逐渐被观众熟知、认可和喜爱，尤其是由他出演的四部《超人》，更是给观众留下了深刻的印象。可是，1995 年 5 月的一天，因为一次失误，让克里斯朵夫瞬间陷入了人生的谷底，他不慎从马上摔了下来，从此变成了一位高位截瘫的残疾人。当克里斯朵夫从昏迷中醒来时，他就想：为什么要救我，成为废人的我还能做什么？

家人为了不让克里斯朵夫胡思乱想，每天都会用轮椅推他出去散心。阳光明媚的一天，家人想让克里斯朵夫在外面多晒晒太阳，便慢慢地走到了洛杉矶的盘山公路上。克里斯朵夫木然地看着前方，自打不能演戏后就没有任何事物能吸引他的注意了。然而，路边频繁出现的红色路标引起了他的注意。克里斯朵夫看到在每一个转弯处，都会出现一个醒目的红色路标，上面写着“前方转弯”四个大字。而且，每当转过那个像是路尽头的拐弯处时，就会发现有一条笔直的马路在等着你，让人有一种豁然开朗的感觉，克里斯朵夫的心情也因此变得愉快了许多。回到家后，那红色的路标总是在克里斯朵夫的眼前浮现，他猛然醒悟：原来我只是站在了人生的转弯处，因为悲伤蒙住了我的双眼，所以才没能看到“前方转弯”这个路标。

醒悟后的克里斯朵夫重新找到了奋斗的目标，不能当演员他就学习当导演，所以他依然活跃在自己喜爱的影视界。不仅如此，克里斯朵夫还创办了瘫痪病人教育资源中心，为了激励那些像他一样的残疾朋友，克里斯朵夫又用牙咬着笔写出了《依然是我》这本书，这就是为什么世人把克里斯朵夫称为“超人”的原因。克里斯朵夫在人生路上成功地转了一次弯，让自己的人生有了完美的结局，他也因此永远活在了人们的心中。

成功课堂

其实，每个人的人生旅途上都会遇见很多个转弯，有人成功是因为他顺利地转了过去，但没有成功的人并不是他没有转过去，而是因为他被挫折挡住了视线，看不到转弯的路标。保持良好的心态，越过挫折看清前方，我们的人生就会变得清晰起来。

漂流瓶：怀抱希望向前闯

著名航海家哥伦布的第一次航行，发生在1492年8月3日，从西班牙出发，首站到达巴哈马群岛，并由他命名了圣萨尔瓦多岛。接着到达了哥伦布认为的亚洲大陆，实际是古巴岛。随后哥伦布又到了西印度群岛中的伊斯帕尼奥拉岛，也就是现在的海地岛。在这期间因为自然灾害，哥伦布的船员死伤很多，为此他决定返回西班牙，总结经验后再计划下一次的出行。得知这个消息的船员们都很高兴，他们都在祈祷能够顺利返航。然而，上帝并没有听到他们的祈祷声，暴风雨依然无情地袭击了他们的船只。船长忧虑地对哥伦布说："我们可能真的回不去了，在海上生活了三十多年，还从未见过如此恐怖的暴风雨，我们的船只随时都有被掀翻的可能。"哥伦布镇定地说："即使是船毁人亡，无人幸免，我依然要把宝贵的航海资料留给世人！"话音刚落，哥伦布就转身回到了船舱里，他在短暂的时间里，用最简练的语言，仔细描述了这次航海的经过，并总结了很多经验和教训。之后，哥伦布找来一个空酒瓶将资料小心地放入瓶中，并把它丢进大海。这时，船长走过来说："我们现在是在海中央，瓶子在漂流的途中很可能会被大鱼吃掉，也可能会直接沉入海底，总之它是不可能被人们发现的。"哥伦布却坚定地说："我相信人们一定会看到这个瓶子，只是时间早晚的问题，上帝一定会怜惜意志坚定的人！"

也许上帝真的听到了哥伦布的心声，这个瓶子在三个世纪后真的被人们发现了。哥伦布并没有在那次灾难中丧生，也许是上帝派他来拯救那些无知的人们，所以哥伦布虽然遇到过很多艰险和磨难，但始终没有出现任何事故。新大陆的开辟，改变了历史的进程，这些完全缘于哥伦布坚强的信念和积极进取的人生观。

成功课堂

生活中，我们应该抱着坚定的信念和永不服输的态度去迎接每一次挑战、每一个困难。只有这样，我们才能领略成功的喜悦。

差生的母亲：没有退路的起点

卡瑞达是一个很乖巧的孩子，一直是父母的骄傲。可自从上了初中，卡瑞达的学习却让父母发了愁，他虽然很努力但成绩却很差。

因为发愁儿子的学习，卡瑞达的母亲总是愁眉苦脸。一天，母亲的好朋友来家里做客，发现她总是唉声叹气，就问："什么事让你如此烦心？"母亲不好意思地说："就是我家儿子的学习啊！"朋友说："他学习不好，你跟着急也没有用。"母亲说："那怎么办，这次考试又是倒数第一，再这样下去高中肯定是考不上了。"朋友又说："他的学习是有些让人担忧，但也是件好事，最起码他的名次不会再下降了。"母亲说："那又能怎样，还不是学不好。"朋友说："我想他自己应该也很苦恼，你就不能再跟着烦恼了。你现在应该做的是，帮他改进学习方法，平时还要多加鼓励，这样他才会有信心。有了你的陪伴和鼓励，我相信他很快就能赶超上来。"

听了朋友的建议，卡瑞达的母亲从此每天陪他学习，并帮他纠正了很多学习上的不良习惯。渐渐地，卡瑞达找到了学习的动力和方法，自信心也增强了，最近一次考试他竟然考到了全班的第五名。

成功课堂

每个人都会经历低谷期，但我们千万不能因此而丧失信心，因为那样只能浪费时间。此时，我们应该更加努力，从失败中吸取教训。只有这样，我们才能走出低谷、迈向巅峰。

让梦变成现实：敢想才能成功

利安德尔是拥有三百亩土地的农场主。不仅如此，他还是位著名的慈善家。利安德尔经常组织募捐活动，因此帮助了众多的孤寡老人和残疾儿童。

然而，如此善良的利安德尔，却没能拥有快乐的童年。利安德尔的母亲在他很小的时候就去世了，父亲为了抚养他每天都要去给农场主干活。幸好利安德尔很懂事，每逢节假日他就会和父亲一起去农场干活，从而减轻父亲的负担，也是从那时起他就梦想着能够拥有一个属于自己的农场。

上中学时，老师为了激励学生努力学习，要求他们把自己的梦想写在纸上，然后贴在自己的课桌上，从而让他们有努力的目标。利安德尔很用心地写下了自己的梦想，却因此引来了同学们的嘲笑，他们讥讽地说："你家既没钱又没权，怎么可能成为农场主，还是下辈子找个有钱的老爸，再做这样的梦吧！"然而，利安德尔却没有因为同学们的羞辱而退缩，强大的自信心一直支撑着他。

多年后，利安德尔不仅拥有了自己的农场，而且还把农场建成了这里著名的旅游景点。曾经嘲笑过他的人，现在都会羡慕地对他说："利安德尔，你真的很棒，你现在拥有的这一切，对于我们来讲想都不敢想。我们为以前的事向你道歉，希望能得到你的谅解。"大度的利安德尔笑着说："没关系，让我们忘记那些不愉快吧！"同学们又说："以你的家庭背景，真的很难想象你能有今天，能告诉我们你是怎样实现梦想的吗？"利安德尔说："我一直坚信，只有想不到，没有做不到。只要我们敢想，梦想迟早会变成现实。"

成功课堂

我们身边的许多成功者，在成功以前往往因为梦想过于远大，而常常被人视为"疯子"，但最后获得成功的却是他们。因为他们敢想，并能承受住别人的嘲笑和羞辱，再加上他们的从容和冷静，才铸就了他们一生的辉煌。

败得光荣：懂得接受失败

美国曾经举行过一场声势浩大的乐队比赛，所有的知名学校都会派出一支乐队来参加这场比赛。

第一个入场的是加州理工学院乐队。随着优美的旋律，学生们整齐而有序地出现在赛场上，他们每个人都是那么自信，变换队形时也做到了整齐划一。此时，场上的评委和台下的观众，都为他们报以热烈的掌声。随后的二十多支乐队依然很精彩，所有的乐队都表现得非常完美，但这终究是一场比赛不是文艺演出，评委们必须在较短的时间里，选出一支获胜乐队。经过五分钟的商议，评委们一致同意这次的冠军是达特矛斯学院乐队。

结果一经宣布，赛场立刻陷入一片混乱。有获胜的喜悦声，有不服的抱怨声，还有因为失败而伤心的哭喊声，只有斯坦福大学乐队依然整齐地站在原地，随后便演奏起自己学校的校歌。学生们在队长的带领下随着欢快的音乐声，昂头挺胸地走出赛场。原本混乱的赛场，因为他们的表现也慢慢安静下来，斯坦福大学乐队以优雅的姿态，平静地面对了这次失败。

虽然，斯坦福大学的乐队比赛失败了，但他们的气势和素养，却胜过了其他任何一所学校。

成功课堂

其实，学会勇敢地接受失败比成功更难，这需要我们具备极强的心理素质。要知道，只有学会如何面对失败，我们未来才有获得成功的可能。

飞上蓝天：一切皆有可能

克里斯像很多小孩子一样，对遥控飞机很感兴趣，看着飞机在天空自由地飞翔，就好像他自己也飞上了蓝天。初中时，克里斯参加了学校的科技社，他还曾多次获得飞机模型大奖赛的第一名。上高中后，克里斯就立志成为一名真正的飞行员，他很想开着自己造的飞机在空中翱翔。

为了梦想，他毅然选择了航天大学，然而一堂飞机模拟驾驶课，让克里斯的梦想破灭了。严重的恐高症，让他无法从容驾驶，老师对克里斯说："孩子，你很优秀，在航天器械方面也很有见解。所以，不一定非要当飞行员，你可以成为飞机制造工程师，或是在飞机的维修方面进行研究和发展。"老师的话让克里斯很沮丧，他也因此放弃了当飞行员的梦想。克里斯开始专心研究飞机制造，还没毕业他就能够独立制造飞机了。毕业后，克里斯真的成了一名飞机制造工程师，年轻有为的他是同龄人羡慕和学习的对象。就连他的死党查尔斯都这样说："克里斯，你真的是太棒了，我为能有你这样的朋友而自豪。你不仅在航天方面很成功，还具有领导才能，在学校里是学生会干部，在科研所又拥有自己的团队。你对理想的坚持和不畏困难的精神，值得我们每一个人去学习。"死党的那句"对理想的坚持"深深地刺痛了克里斯的心，因为没有人知道他真正的梦想是什么。

克里斯想："我真的具有不畏困难的精神吗？"为了得到答案，他决定重新学习驾驶飞机。再次走进模拟驾驶舱的克里斯，依然恐高，但他一直以无臂驾驶员杰西卡为榜样，努力去克服严重的恐高症。克里斯已经连续两个星期不能正常进食，因为恐高带来的眩晕感让他吃什么都吐，可是他依然坚持着。六个月后，克里斯的眩晕感消失，恐高症没有了，他终于可以驾驶着自己造的飞机飞向蓝天。

成功课堂

朗费罗曾经说过："不论成功或失败，皆存乎自己。"没能成功，只能说明我们想得不够。成功不是偶然的，只要有强烈的愿望，一切皆有可能。

东坡的虚荣心：摒弃虚荣心

在瓜州任职的苏东坡，与当地金山寺里的住持交往甚密，因为志趣相投，所以两人经常在一起念佛悟道。

一天，闲来无事的苏东坡又想和住持参禅论道了，于是他便独自划船来到了一江之隔的金山寺。不巧的是，住持刚刚离去，苏东坡只得在禅房里念经等候。然而，四个时辰已过，住持还没回来，有些不耐烦的苏东坡开始在禅房里来回踱步。后来，苏东坡感到十分无聊，便来到房外，漫无目的地闲逛起来。这时，一尊观音菩萨像让苏东坡有了灵感，便随即吟诗一首。之后，他又回到住持的禅房，发现住持还是未回，苏东坡便把刚刚吟诵的新诗写在纸上，放在门口的圆桌上以便住持回来后能看到。苏东坡刚刚离开，住持就赶了回来，得知苏东坡已经离去，他很遗憾，心想：你就不能多等我一会儿吗？这时，住持已经推门进了禅房，随后看到了留在桌上的诗句。住持好奇地读了出来："稽首天中天，毫王照大千。八风吹不动，端坐紫金莲。"住持知道，虽然此诗表面上是在写菩萨，其实苏东坡是想炫耀自己的禅定之功。于是，住持不假思索地在诗后批注了"放屁"两个大字，并叫人把此诗送到苏东坡的府上。苏东坡看到住持的批注大怒，立即叫船送他去金山寺，还没等靠岸就已经看到住持在寺门口等他了。

刚上岸还没等住持说话，苏东坡就愤怒地说："你为何如此评

价我的诗，难道你不知道我是在赞颂菩萨吗？”住持笑着说：“八风吹不动，一屁过江来！”随后，便哈哈大笑地走进寺里，只留苏东坡一人羞愧地站在寺外。

成功课堂

虚荣是自尊心的过分表现，是为了取得荣誉和引起普遍关注而表现出来的不正常的心理。此外，有虚荣心的人，还有一种很不好的表现，就是太渴望得到别人的认可，以至于宁愿丧失自我。因此，请摒弃你的虚荣心，努力做一个真诚的人。

如此兄弟：把仇恨永远删除

布莱恩和布鲁斯曾是很要好的朋友，但最近因为一点误会，竟然大打出手，从此两人变得水火不容。

布莱恩和布鲁斯住在同一个住宅区，每天都会不期而遇，但因为心怀仇恨，彼此谁都不理谁，有时甚至还会恶意地陷害对方。

这天，两人同时开车进了小区的大门，因为车位而争抢起来。最终导致布莱恩撞上了旁边的宝马车，他自己的奔驰也因此受到了很大的损坏。当布莱恩想要下车与布鲁斯理论时，宝马车车主因为得知自己的车被撞而赶了过来，非常气愤地质问起布莱恩。此时，得意的布鲁斯不屑地从布莱恩身边走过，并且向他作出大拇指朝下的手势，再次挑衅布莱恩。因为此事，布莱恩向宝马车主赔付了巨额的汽车修理费，自己的车也被送进了修理厂。暂时没车开的布莱恩，只能每天乘坐公交车上下班，工作的疲惫和公交车上的拥挤，让他越来越痛恨布鲁斯。因此，一天傍晚，布莱恩偷偷跑到停车场，把布鲁斯的刹车片卸掉了。

第二天，布鲁斯像往常一样开着车行驶在马路上，然而当他想减速时，却发现刹车失灵了，为了不伤及无辜，他只能把车开向路边的大树。随即，布莱恩就得知布鲁斯出了车祸住进了医院。本以为自己会很高兴，但此时的布莱恩却怎么也笑不出来，反而每天都会饱受良心的谴责，因此还影响了工作，最终被老板炒了鱿鱼。布鲁斯因为伤势严重在家里躺了大半年，没有了工资，生活过得非常拮据。

突然，在一个雨后的下午，两人不期而遇。布莱恩首先发话，为自己的过激行为向布鲁斯道了歉。布鲁斯本想狠狠地暴打布莱恩一顿，但又一想，如果不是自己先报复了布莱恩，他又怎么会如此对待自己呢？两人沉默地对视了一会儿，又同时笑了起来。布莱恩说："仇恨真的很可怕，不仅让我们这对好朋友决裂，而且还在精神上、肉体上和经济上让我们遭受了很大的损失。所以，让我们忘记那些不愉快，把仇恨彻底地删除掉。"

成功课堂

仇恨就像毒气会麻痹我们的神经，甚至让人失去理智。然而，到最后却弄得双方伤痕累累、苦不堪言。正所谓"冤冤相报何时了"，与其被仇恨毒害，不如用宽容的心来对待他人，对方必定也会良心发现。

琳达的秘密：没有时间生气

可爱的琳达不论在家里、在学校还是现在的公司，都是备受大家喜爱的女孩。大家喜欢琳达，不只是因为她的外表可爱，更重要的是她从不与别人争吵。

日子久了，大家和琳达也越来越熟，因而发现她有时会一个人坐在电脑前拼命打字，为自己制定出许多目标。一位与琳达关系

比较好的同事，忍不住好奇地问她："我说琳达，为什么你有时会把自己的时间表安排得那么紧，还要一一罗列出来，并且在制定时表情还极其严肃？"琳达听后哈哈大笑，随后回答说："那时的我是在惩罚自己。"同事听到琳达的话更加不解了，问："惩罚？怎么惩罚？你为什么要惩罚自己？"琳达推了推漂亮的眼镜说："每当我想和别人发脾气的时候，我就会给自己列出很多计划。然后对自己说，'你还有这么多事要做，没有时间可以用来生气和吵架'。如此一来，我的气就消了，工作效率也得到了很大的提高，这岂不是两全其美的好办法？"同事赞同地点了点头说："是个很好的办法，可你现在已经坐到了经理的职位，还会有很多目标要去实现吗？"琳达无奈地说："人一定要有进取心，一旦对现状满足，就意味着要被社会淘汰，所以不论我们到什么职位都要有新的目标出现才行。即使暂时没有新的目标，我们也可以这样想：自己的生活已经如此理想了，又有什么事值得我们去生气呢？如此一来，我们也就不会再和别人吵架了。"同事佩服地点了点头。

从此，琳达手下的员工都学会了这个方法，他们的工作效率因此有了很大的提高，心情也越来越舒畅。

成功课堂

每个人的时间都是有限的，而生活是多姿多彩的，如果总是把时间浪费在争吵上，又怎样去享受生活呢？所以，就让我们把有限的时间用于努力学习、不断完善自己吧。

把阳光装进桶里：打开心里的窗

一天，莉娜的姐姐带着五岁的儿子来玩，莉娜自己也有个四岁大的儿子，两个小家伙一见面就高兴地跑到阳台上玩去了。

午饭时间到了，莉娜开始催促两个小家伙到餐厅吃饭。然而，莉娜却看到儿子拿着小铲，外甥拿着小桶在阳台和餐厅之间跑来跑去。莉娜好奇地问：“小宝贝们，谁能告诉我，你们这是在干什么？”儿子首先回答说：“妈妈，我们在收集阳光。”莉娜依然不解，又问：“为什么要收集阳光？”外甥回答说：“小姨，我们俩认为窗户把阳光挡在了外面，屋里显得很暗，所以我们正在用小桶把阳光运进屋里。”

听完外甥的话，莉娜笑着走到阳台上，边开窗边说：“阳光是装不进桶里的，打开窗户阳光不就能进来了吗？”说完，莉娜便带着两个可爱的孩子回到了餐厅。

成功课堂

有时，我们的心就像关上窗户的屋子那般阴暗，从而使我们消极地对待生活，重复地做着一些无功无果的事情。其实，只要打开心中的那扇窗，阳光就会让我们豁然开朗，困难也会在瞬间变得极其渺小。

优秀的孩子：把自己放在阳光下

鲍伯是一个性格孤僻的孩子，自命清高的他很难和同学们相处，为此他经常向母亲抱怨学校环境不好。母亲为了让鲍伯能专心读书，已经为他换了四五所学校。

今天，刚放学的鲍伯，又开始向母亲抱怨。他委屈地说：“妈妈，我真的要疯了。这个学校的学生太幼稚，我真的不想和他们在一起，您能不能再给我换所学校？”母亲无奈地说：“就没有一个和你投缘的同学吗？为什么别人都能快乐地在一起

玩，而你却不行呢？也许是他们幼稚，又或许问题的根源是你自己呢？”鲍伯愤怒地说：“当然是他们的问题了，像我这么优秀的孩子，根本不会陪他们玩那些幼稚的游戏！”母亲笑了笑说：“我的孩子，妈妈曾经有一个朋友，她的性格和你很像，也很难交到朋友，更不会与人沟通。而她的丈夫却是一位极其开朗的人，经常邀请同事来家里玩，所以我这位朋友经常会因此和丈夫发生争吵。最主要的是，他们的孩子也很像父亲，也喜欢带朋友来家里玩。我朋友实在是忍无可忍了，就去教堂找神父寻求帮助。神父了解她的烦恼后，问，‘你们家除了人，还有什么活物？’她回答说，‘还有几只家禽和两只猎狗’。神父说，‘把这些动物全部养在您的房间里，一个星期后再来找我’。结果，我的朋友第三天就去找神父了，她说，‘我实在受不了了，脑子快要被它们的叫声弄炸了，您快想办法救救我吧！’神父说，‘那好，今晚你就把那些动物送回原来的地方去’。我朋友便照他说的去做。三天后，就见她兴奋地跑到教堂，感激地对神父说，‘谢谢您的帮助，我现在感觉清静多了，生活也变得很清爽’。神父耸了耸肩说，‘我并未为您做什么，这一切都是您自己努力的成果，只因您心态的改变问题也就消失了’。亲爱的鲍伯，我希望你也改变自己的心态，试着去接受和了解那些同学，我相信这样做之后你的烦恼也会消失。”

虽然鲍伯对母亲的话半信半疑，但还是努力去改变。没几天，鲍伯就发现母亲的话是正确的，现在他不仅交到了朋友，生活也变得丰富多彩起来。

成功课堂

年轻的朋友，请不要总用阴暗的心理去看这个世界，那样只能生活在烦恼中。把自己放在太阳下，当心里的每一个角落都被阳光照亮后，你会发现世界其实是那么的多姿多彩。

勇敢地走出去：不要看轻自己

童年时期的安德鲁很内向，家境的贫穷导致他从小自卑懦弱。交不到朋友的安德鲁，总是一个人待在家里。面对孤独的儿子，父亲很焦急，他怕儿子因此患上忧郁症。

这天，父亲在大街上看到了有关梵高和安徒生的宣传画，让他突然有了一个能帮助儿子走出自卑的好主意。于是，父亲高兴地回到家，对妻儿说："明天我们公司放假，咱们出去玩怎么样？"安德鲁得知这个消息兴奋地跳了起来，说："当然好，我这就去准备东西。"第二天，安德鲁一家早早地出发了，父亲按照计划先带他来到梵高的故居。当安德鲁看到那双破旧的皮鞋时说："梵高家应该很有钱啊，怎么他还穿这么破的皮鞋？"父亲回答说："并不是你想象的那样，梵高很贫穷，他也因此一生都未能娶到心爱的女孩，可是他的画却成了现在的无价之宝。"接着，父亲又带他们去了安徒生的家，看着那普通的阁楼，安德鲁瞪着大眼睛问："安徒生应该是住在城堡里的啊，不然他又是怎样写出王子与公主的故事呢？"父亲微笑着说："我的孩子，安徒生并没有住在城堡里，但他依然写出了美好的故事。"看着皱紧眉头的儿子，父亲又说："贫穷并不可怕，只要你不看轻自己，积极地去追寻，迟早有一天你能实现自己的梦想。"

就是因为父亲的这些话，内向的安德鲁不再自卑。经过不懈努力，安德鲁成为了一位周游世界的地理学家，就像父亲说的，他已经实现了自己的梦想。

成功课堂

其实，出身贫穷并不能说明什么，之所以它会变成我们成功路上的绊脚石，是因为我们看轻了自己，总是把自己藏在卑微的角落里。因此，请勇敢地走出去，只要乐观向上、积极努力，我们终能实现自己的梦想。

失去之后：残缺依然美丽

帅气的科兹莫因为一次交通事故，不幸失去了一只眼睛，虽然经过治疗和整形，那只眼睛并没有影响他的外貌，但他却从此羞于见人。

不敢出门的科兹莫辞去了曾经热爱的工作，只能在网络上接一些设计图纸方面的工作来维持生活，就连生活用品他都要从网上购买。

一次，家里忽然停电，科兹莫为了解决午饭问题，不得不出去吃饭。走在大街上，科兹莫像老鼠一样，见人就躲，很不巧还是遇见了他曾经的大学同学科林。因为没有地方可躲，科兹莫只能低着头装作没看见科林，可对方却认出了他。科林热情地向科兹莫走去，结果被低着头的科兹莫狠狠地撞倒在地。科兹莫出于本能反应想把科林从地上拉起来，可是当他想要拉科林手时，猛然发现科林的袖管里是空的。科兹莫尴尬地说："对不起，我不是有意的。"科林无所谓地耸了耸肩，麻利地从地上站了起来，说："没关系。"然后，科林又极其自然地说："我的胳膊是工伤，现在已经没事了。"看到科林如此轻松地说着自己的残疾，科兹莫羡慕地说："没有了胳膊，你却依然如此自信，真的非常让人佩服。"科林说："这有什么,没有了胳膊我依然能很好地生活,这就足够了。我并没有因为残疾而依赖于谁,为什么不自信呢?就是因为残疾,我才更要努力,从而向人们证明残疾人一样可以为社会做出贡献,并不是社会的负担。”

科林的话让科兹莫很羞愧,但也让他从此振作起来。过了几天,科兹莫就又自信满满地去上班了。

成功课堂

只要我们能乐观地面对身体上的缺失,就会发现其实失去的那部分,并不会影响我们的生活。只要拥有积极进取的乐观心态,残疾人也能实现自己的梦想,他们也能被幸运女神垂青。

家人的爱:爱是永远的动力

爱好芭蕾舞的朱莉,顺利考上了她梦寐以求的舞蹈学院,因为漂亮的外表和扎实的功底,她从大一就开始参加各种舞蹈比赛,为学校夺得了很多荣誉。

然而,上帝并没有善待这位可爱的姑娘,一次严重的交通事故,无情地夺走了她的双腿。高位截瘫的朱莉整日以泪洗面,曾经开朗的她也变得沉默寡言。看着情绪低落的朱莉,母亲心疼地流着眼泪对丈夫说:“我们必须帮帮她,长期抑郁会让她的性格扭曲。”父亲想了想说:“放心吧,我会让她重新振作起来。”说完,父亲坚定地走进朱莉的卧室,温柔地说:“宝贝,让我带你出去晒晒太阳吧!你现在的皮肤太苍白了,一点光泽都没有。”可是,朱莉就像没听见一样,依然无神地望着窗外。望着没有表情的朱莉,父亲又说:“我的宝贝,心里难受就要发泄出来,压抑情绪只会让你的身体更加不舒服,能和爸爸谈谈吗?”朱莉转过头来,自言自语地说:“就

算发泄出来了又能怎么样，腿没了我还能做什么呢？只能像寄生虫一样依赖着你们，没有希望地活着，这样的生活有什么意义，还不如直接被车撞死。”此时，泪水已经悄无声息地从朱莉的眼中流出。父亲轻轻地帮她把眼泪擦干，说：“宝贝，你不要难过了，先听我讲个故事吧！从前，有一个旅行家独自一人去沙漠探险，途中遇上了沙尘暴，他的背包和水都被埋在了沙子里，没有指南针他根本找不到回去的方向。水米未进的旅行家疲惫地坐在地上，看着一望无际的沙漠无望地叹息着，因为他以为自己就要死了，那么就躺在这里边抽烟边等待死神的召唤吧。可是，当旅行家拿烟时，却从口袋里掉出了一张照片，这是几天前刚照的全家福。看着妻儿灿烂的笑脸旅行家哭了，他还有太多的牵挂和舍不得，他真的不想就这样离开。于是，他将烟头狠狠地扔在地上，对自己说，‘为了家人我也不能放弃！’就这样，旅行家又踏上了征程，两天后他成功走出了沙漠。因为汗水和风沙的侵蚀，照片已经模糊不清，然而就是它，让旅行家坚强地活了下来。”讲完故事后，父亲认真地对朱莉说：“失去背包的旅行家，依靠对家人的爱，成功地从沙漠里走了出来。就像你虽然失去了双腿，但还有我们的支持和爱护。只要你自己不放弃，依然可以活得很好，不要再这样自暴自弃下去了。”

几天后，朱莉又重新回到了大家中间，灿烂的笑容重又出现在她的脸上。

成功课堂

有时，成功与失败就在一念之间，不要因为一个困难就给自己判了死刑。即使是真的失败了，我们也不要轻言放弃，因为还有那么多的爱在支持着我们，它会是我们永远的动力。

第六章　学会处世，结人情，受欢迎

古人云："世事洞明皆学问，人情练达即文章。"处世能力是人生最重要的能力之一。掌握处世的智慧，能让你轻松战胜挫折和困难，拥有好人缘，自如应对错综复杂的人际关系。

青年卡耐基：处世应严己宽人

戴尔·卡耐基曾撰写过多本关于成功励志的经典书籍，因此他被人们誉为"20 世纪最伟大的心灵导师"。但青年时期的卡耐基却不善于与人沟通，为了表现自己，他曾经在宴会上和别人发生过争执。

一天晚上，卡耐基应邀参加一位朋友的庆功宴会。宴会进行到一半时，有位客人喝多了，忘乎所以地站在舞池上手舞足蹈，并为所有来宾讲起了笑话。之后，这位客人又突然伤心地哭起来，并对宴会主人说："我也很努力地工作了，为什么你能成功，而我却如此失败呢？也许，这就是《圣经》上说的'谋事在人，成事在天'，真的一点都没错。"这时，人们才知道，这位客人之所以会如此失态，是因为工作上的失败，借此来发泄心中的不快。所有来宾都很同情这位失意的男士，没有人注意到他说话的内容，而他身旁的卡耐基却发现了其中的问题。他严肃地对这位男士说："'谋事在人，成事在天'不是出自《圣经》，而是出自莎士比亚的《哈姆雷特》第五幕第二场。”听到有人驳斥自己，这位男士恼羞成怒，醉醺醺地喊道：“我说是就是，谁敢反驳！想让我给你点颜色瞧瞧吗？”想继续反驳的卡耐基，被朋友法兰克·葛孟拦住了。葛孟笑着说：“我的朋友，请不要生气。您说的一定没错，是戴尔年轻无知。您请继续，希望今晚能玩得愉快！”

葛孟的话让卡耐基很不高兴，因此早早离开了会场，葛孟为了安抚他也随他离去。之后，两人在一间酒吧聊了起来，卡耐基生气地说：“你为什么要说假话，让我在那么多人面前下不来台？难道你不知道那句话的出处吗？”面对气愤的卡耐基，葛孟微笑着说：“是，我知道你是正确的，但你也要清楚我们都是客人，如果发生争吵打起来，你让宴会的主人怎么办？因为你影响了所有来宾的心情，这样大家都会讨厌你。在公众场合一定要给别人留面子，这样才能得到他人的赞赏。”听完葛孟的话，卡耐基羞愧地低下了头。

成功课堂

青年朋友们，想要身边的朋友喜欢我们，就一定要遵循“严己宽人”的处世原则。这样，不仅能给别人留下好的印象，还能展现出我们的高素质。

智者的启迪：像水一样能屈能伸

毕维斯是个一事无成的年轻人，空怀满腔抱负，却总是不得志。一次，他无意中听到朋友说，小镇上来了一位智者，可以为人答疑解惑。于是，毕维斯也想去试一试。

毕维斯来到智者家，向他倾诉了自己的困惑。智者并没有立即答复毕维斯，而是沉思了片刻，从厨房舀来一瓢水，问毕维斯：

"你觉得这水是什么形状?"

毕维斯疑惑地说:"水怎么会有形状?"

智者没说什么,而是把瓢里的水倒进杯子里,这时毕维斯恍然大悟:"我知道了,水的形状像杯子。"

智者听到这个答案,无奈地摇了摇头,又把杯子里的水倒进了花瓶。

接着,毕维斯说:"水的形状也可以像花瓶。"

智者听后依然摇头,然后拿起一个盛满沙土的瓷盆,将水倒了进去,水瞬间消失了。

毕维斯见状,便陷入了沉思。

这时,智者弯下腰抓起一把沙土,说:"你看,水就这么消失了!"

毕维斯对智者的话咀嚼良久,高兴地说:"我明白了,谢谢您。您是在利用水来向我阐述一个道理,社会就像一个容器,人应该像水一样,进入什么容器就变成什么形状。人要适应这些容器,随着容器而改变。"

智者说:"年轻人,你只悟出了一半。"

说完,智者领着疑惑的毕维斯来到屋檐下,他俯身用手在旁边的青石板上摸了一会儿。毕维斯好奇地也上去摸了摸,感到石板上有一个很明显的凹面,他不解地问:"这块石板上为什么会有一个平滑的凹面呢?"

智者说:"下雨时,水从屋檐上滴落,久而久之此处就形成了这规则的凹面。"

毕维斯瞬间恍然大悟:"我懂了,人既要像水一样适应社会,也要像小小的水滴一样去努力改变世界。"

成功课堂

其实，想要在社会上立足，就必须像水一样能屈能伸，既能适应环境，又能改变环境。我们应该多一些韧性，在必要的时候随性一些，因为太坚硬的东西反而容易折断。只有那些既坚硬又不缺柔韧的人，才能战胜所有的困难和挫折，最终实现理想。

朋友的阴谋：结交真正的朋友

大卫和丹尼是发小，从上幼儿园开始两人就认识了，直到现在还经常聚在一起喝酒聊天。

大卫是一个心直口快又很讲义气的人，而丹尼就不同了，他平时少言寡语心机又重，为了升迁往往不择手段。刚刚工作两年的丹尼，已经是某公司的地区经理了，然而他并不满足于现状，经常请公司的股东吃饭，挖空心思寻找升迁的良机。

前几天，在饭桌上丹尼得知，自己的老板正在为一个大项目发愁。经过多方打听丹尼得知，让老板如此头疼的公司就是大卫所在的丰隆企业，只要将其公司的投标计划书销毁，他的公司就一定能拿到这个项目，而自己也许就有了再次升迁的机会。于是，丹尼迫不及待地给大卫打了电话，约他明天晚上见面，大卫很爽快地答应了。

第二天下午，丹尼突然提前去找大卫。正在忙工作的大卫奇怪地问："有什么急事吗？不是约好晚上见面吗？"丹尼笑着说："没什么急事，我今天下班早，你先忙，我在这等会儿就行。"大卫也没多想，就继续去忙自己的事。等大卫结束了工作后，发现丹尼已经不见了，给他打电话也不接，大卫只好先回家了。晚上，大卫收到丹尼的短信，说临时有急事改天再和他约，这件事很快就被大卫淡忘了。突然有一天，丰隆公司总裁把大卫叫到了办公室，调出一段视频给他看，大卫一眼就认出了丹尼。总裁问："大卫，我惜你是个人才，不想把你开除，但一定要有所惩处，今天我就是先通知你一声，请做好被处罚的准备吧！"

从总裁办公室出来后，大卫给丹尼打了电话，约他中午见面。刚一见到丹尼，大卫就对他说："恭喜，又升官了。"丹尼尴尬地笑了笑，说："谢谢，工作忙没来得及通知你。不过，你是怎么知道的？"大卫悲伤地说："我们总裁告诉我的。他还赠送了我一句话，以后交朋友要留个心眼儿。"

成功课堂

善良的人总是容易被人利用，更不幸的是，常常被人利用后自己还不知道。青年朋友们，社会是个复杂的环境，我们不可能对每一个人都很了解，所以要时刻提高警惕，既不能害人也要防备被人所伤。

无知的鼠妈妈：权势并不稳固

鼠妈妈生了一只漂亮的鼠女儿，因此引来了众多公老鼠的追求，鼠妈妈也因此骄傲起来，最终拒绝了所有上门提亲的老鼠。

一转眼，鼠女儿早已过了出嫁的年龄，鼠妈妈便想为女儿找一个优秀的夫婿，于是就在家里仔细盘算起来。两天后，鼠妈妈出门了，她首先找到太阳，说："伟大的太阳先生，您是世间万物的生存之源，我想把女儿嫁给您。"太阳听后，不好意思地说："我没有你说的那么伟大，乌云就能把我的光芒遮住，你还是去找他吧。"

于是，鼠妈妈高兴地找到乌云，说："能遮住阳光的乌云啊，我想把女儿嫁给您。”乌云委婉地拒绝说：“不，我还不是最棒的，风一吹我就散了。”

鼠妈妈遭到拒绝后，立即去找风。“亲爱的风先生，请您把我的女儿娶走吧。”风鄙视地说：“快走开，我很忙，没时间和你闲聊。你去找墙吧，也许他愿意。”

遭到多次拒绝的鼠妈妈，伤心地找到墙。“请您把我的女儿娶走吧，我只想为她找一个稳定的靠山，请体谅我这个做母亲的良苦用心吧。”墙很为难地说：“我是很想帮你，可是我最怕你们老鼠了。你们很喜欢在我身上打洞，而一旦有了洞我就面临倒塌的危险，所以我也不是最稳固的靠山。”

鼠妈妈在屡遭拒绝后，沮丧地回到家，自言自语道：“墙怕老鼠，老鼠怕猫，如果把女儿嫁给猫先生，那以后别的老鼠和猫就都不敢欺负我的女儿了。”于是，鼠妈妈胆战心惊地来到猫先生家，极其谄媚地说：“尊敬的猫先生，我想把漂亮的女儿嫁给您，不知您意下如何？”猫听后很惊讶：“你的意思是想让我娶你的女儿？”鼠妈妈用力地点了点头，并用期待的眼神看着猫先生。猫先生二话没说就答应了鼠妈妈的请求。

经过两天精心的准备，鼠妈妈很神气地把女儿送到猫先生家。然而，门刚打开就看见猫先生张着血盆大口，向鼠女儿扑了过来，还没等鼠妈妈反应过来，可怜的女儿就葬身猫腹了。

成功课堂

不要因为羡慕权势就牺牲掉自己的尊严。要知道，世界上没有免费的午餐，只有通过自己不懈的努力，才能得到永久的回报。

聪明的郭子仪：敬小人而远之

唐朝著名军事家郭子仪，虽然久经沙场又屡获胜利，但他生性低调，从不在其他大臣面前显摆，更不会拿自己的功绩当作炫耀的资本。可是，依然有很多人嫉妒郭子仪的名利和地位，尤其是朝廷里的那些小人，无时无刻不在找机会陷害他。幸亏头脑灵敏的郭子仪一直谨小慎微，所以那些小人没有得到任何机会。

在一次战役告捷之后，郭子仪为了犒劳自己的士兵而大摆宴席。此事被一个阴险的官吏知道了，他想利用这个宴会来做点文章，从而搞垮郭子仪。于是，这个心机叵测的官吏，拿着贺礼不请自到了。这个人人品很差，相貌又极其丑陋，郭子仪很怕自己那些心直口快的士兵对其出言不逊，从而为自己引来不必要的麻烦。因此，郭子仪热情地将那人请进了自己的卧房，并吩咐下人为其准备美酒佳肴。那人与郭子仪寒暄了一阵子后，发现找不到什么可以利用的破绽，便对郭子仪说："两人喝酒多没意思，不如和士兵们一起乐和去。"郭子仪委婉地说："我手下的士兵都是些粗俗之人，他们怎配与您一起喝酒呢？"就这样，那人在郭子仪的府上坐了近两个时辰，终究没有找到任何把柄，只得无奈地回家去了。

此后，郭子仪还遇到过多次这样的突发事件，但都被他挡了过去。因为郭子仪懂得如何与小人相处，才使他一直参政到八十四岁，天下也因此安定了二十多年。

成功课堂

生活中，我们无法避免与小人接触，最好的办法就是对其敬而远之。当然，这并不代表我们怕那些小人，只是不想因为他们而引来一些不必要的麻烦。我们要提高警惕，不让他们有可乘之机。

唯一的朋友：不要随便怀疑朋友

汉娜出生于贵族家庭，因为性格蛮横而很少有人愿意跟她玩，只有她家仆人的女儿琳达，能够忍受她的大小姐脾气。

上学后，两人经常在一起写作业，可是汉娜很贪玩，所以就经常让琳达帮她完成家庭作业。这天，汉娜又命令琳达帮自己写作业，等到要吃饭了才急匆匆地跑回家。吃完晚饭后，汉娜突然想起明天要参加学校的联欢晚会，便跑进房间去找爸爸送她的那条漂亮的花裙子，可她翻遍了所有衣柜都没找到。于是，汉娜生气地跑到了琳达的房间，大声质问说："你是不是偷了我的裙子？"琳达委屈地说："我没有。"看到琳达不承认，汉娜狠狠地甩了她一个耳光。"只有你能随便出入我的房间，而且你还经常一个人在我房间里写作业，不是你还会有谁？你最好乖乖地给我拿出来，不然我还打你。"此时，琳达已经委屈得泣不成声，哭着说："我真的没有偷你的裙子，你叫我拿什么给你？"看到琳达依然否认，汉娜拿起身边的椅子就向琳达砸去，幸好被听到吵闹声匆匆赶来的大人夺下。从那天起，琳达就再也没有去过汉娜家。一个月后，汉娜的母亲接到了洗衣店的电话，是通知她去取衣服的，说是有一条裙子在一个多月前被送到店里，到现在也没有取走。母亲取了裙子后，直接拿着它去了汉娜的房间。看到裙子的汉娜，疑惑地问："妈妈，我的裙子怎么会在这儿？"母亲把接到电话的事告诉了汉娜，她羞愧地低下了头，小声地说："怎么不早点打电话来。"母亲生气地说："你自己忘了还冤枉琳达，现在又要埋怨洗衣店。犯错的人是你，本来就没多少朋友，现在又把琳达气走了，我看以后还有谁敢理你。"

听到妈妈的训斥，汉娜泪如雨下。她非常后悔自己当初那样对待琳达，但现在一切都晚了，琳达因为委屈回了老家，再也不愿意回来了。

成功课堂

不要随便去怀疑身边的人，遇到事要冷静分析，不然就很容易冤枉朋友，就算我们最后醒悟了，也为时已晚，朋友可能早就离我们而去。

三个小金人：多听少说很重要

很久以前，有位小国的使者来到中国，进贡了三个一模一样的小金人。看着金光灿灿的金人，皇帝立即喜上眉梢，然而他却忽视了进贡者的动机。此人诡异地问道：“尊敬的皇上，您可知这三个金人哪个最值钱？”

皇帝为了回答这个问题可谓绞尽脑汁，他请来了最有名的珠宝匠对其进行检查、称重，结果这三个金人特别相似，几乎没有一点差异。这时，小国使者讥讽地说：“贵国号称天朝，不会连这么简单的问题都答不出来吧？”

此时，一位老翰林毛遂自荐，称自己能回答这个问题。皇帝立即宣这个老翰林上殿，只见他胸有成竹地拿出三根稻草，三根稻草都从金人的耳朵里插进去。结果是，第一个金人耳里的稻草从另一只耳朵里掉了出来，第二个小金人的稻草从嘴巴里掉了出来，只有第三个小金人的稻草进了它的肚子里。

于是，老翰林自信地说：“第三个小金人最有价值。”小国使者听后，赞赏地对其竖起了大拇指。毋庸置疑，老翰林的答案是正确的。

成功课堂

有价值的人，不一定要能说会道，上帝给了我们两只耳朵一张嘴，就是要求我们多听少说，还要把有价值的东西全部记在心里为己所用。

刻薄的师傅：不同的表达方式

大学专修甜点专业的艾米丽，毕业后就去了一家面包店学习糕点制作。三个月后，艾米丽成了正式的糕点师傅，可是她做出的糕点并不受欢迎，甚至影响了店里的销售额。

艾米丽的师傅伊莱恩非常严厉地批评了她，伤心的艾米丽偷偷跑到厨房哭了起来。经理知道后，便找到伊莱恩说："你没必要这么严厉地训斥艾米丽，她才学了几个月，要多帮助她才是。"伊莱恩不悦地说："可是就是因为她，让我们店这个月的销售量下降了百分之二十，您说我能不着急生气吗？"经理笑了笑说："你还是太年轻啊！我有个理发店的朋友，他是这样带徒弟的，他会亲自带徒弟两个多月，然后就放手让徒弟亲自操剪。当然第一个月也是很不理想，有的顾客会说，'我根本没看出有什么变化，头发还是长'。我的朋友就会笑着说，'头发长会让您显得更高贵，更儒雅'。听到此话后，顾客便高兴地走了。还有人会说，'这里剪头发要用这么久的时间，我还有好几个生意要去谈呢，因为理发耽误时间造成的损失你们赔得起吗？'这时，我朋友就会说，'先生，头发关乎您的形象，气质好别人就更愿意和您合作了，所以耽误点时间也是值得的'。于是，顾客赞同地留下来剪了头发。就这样，一边徒弟会根据顾客的意见不断改进，另一边师傅会为徒弟解围，既给了徒弟自信心又让顾客满意。一个月后，徒弟的手艺有了很大的进步。于是，渐渐地我那个朋友就不用再为徒弟解围了，因为他已经可以独当一面了。”

这时，经理拍了拍伊莱恩的肩膀说：“我知道你是恨铁不成钢，也是为了我们这个店着想，但话有很多种说法，并不一定非要用犀利的言辞去表达。大家都是成年人，话点到为止，不要伤了感情，更不要因此伤了别人的自尊心。”

伊莱恩听完经理的话，对艾米丽的态度好了很多，又加上艾米丽勤奋好学，第二个月店里的销售额就上升了百分之三十，他们两人也因此受到了经理的嘉奖。

成功课堂

同一个意思，表达方式不同得到的结果就不同。与其让别人讨厌自己，不如换一种说法，既能表达出自己的意思，又可以让别人欣然接受。如此一来，自己得利他人受益，我们何乐而不为呢？

老学者的烦恼：不要正面否定

从前，有位名叫赵佳丰的学者，因为知识渊博经常有文人去他家求教。后来，人们知道赵佳丰最擅长的是诗词，所以又引来很多自称诗人的学者，带着自己的作品要他点评一二。

生性耿直的赵佳丰因为得到大家的厚爱，每次都会诚恳地为他们的作品进行点评。但赵佳丰性格直率，时常会对别人说出一些不中听的话来，所以常常看到有人满心欢喜地来了，走的时候却一脸的不高兴，甚至还会说出很多不敬之语。渐渐地，赵佳丰在大家心目中的形象改变了很多，常听见别人说他是自命清高、目中无人，别人的误解给他带来了很大的困扰。

一次，赵佳丰去朋友家做客，路上又听到别人诋毁他的言语，这使他很烦闷，因此多喝了几杯。有些醉意的赵佳丰，伤心地向朋友诉苦说："我真心实意地帮助别人，没想到换来的却是恶言相向，为什么就没有一个人能真正理解我呢？"朋友见赵佳丰有些醉了，便扶他进了自己的卧房。第二天，赵佳丰知道自己昨天失态后，不好意思地向朋友道歉。正准备离开时，朋友叫住了他，对他说："佳丰，以后有什么烦恼就和我说，不要总憋在心里。既然那些人不能理解你的好意，你为何不换一种说法呢？当遇到不好的作品时，你只对他说'真不容易'这四个字就可以了。"

从此，遇到不投缘的文人学者，赵佳丰就会用这四个字来点评他们的作品。"真不容易"四个字意味无穷，有褒有贬，但无论怎样理解都能接受。所以，人们就不会再对赵佳丰有那么多意见了。

成功课堂

很多人都不能接受对自己的正面否定，那么我们不如换一种方式，既让别人满意，自己也逍遥自在，毕竟大多数人还是喜欢听赞美声，也许换一种说法会让我们得到更多的朋友。

伊登的赞美：受欢迎的赞美声

一天，额尔和伊登同坐一辆出租车，下车时伊登对司机说："伙计，谢谢你。你的车开得很稳，很舒服。"

"哦，谢谢！"司机显得非常高兴，愉快地开车离开了。

额尔不解地问伊登："你为什么要和司机说这些？"

伊登回答说："我想让华盛顿多一些人情味。"

额尔又问："你又为什么要对那个平庸的女人微笑？你要知道，没有一个女人能抵挡住你的魅力。"

伊登回答说："我只是想让她拥有一个好心情，仅此而已。"

成功课堂

有时候，鼓励比批评更有效，鼓励能够给对方更多自信，而不恰当的批评却很容易打击别人的积极性。其实，夸赞只是"张口之劳"，但被夸赞者却如遇春风拂面，相信一整天都会有好心情。

孪生姐妹：大度地面对批评

丽娜和丽莎是一对孪生姐妹，她们从外貌到行为举止都极其相似，因此有时连父母都会叫错她们的名字。

但是，两姐妹的性格却截然不同，有时母亲会对着姐姐丽娜说："丽莎，快来帮我个忙。"丽娜就会很烦躁地说："妈，我不是丽莎。您看清楚再说话行吗？"而如果母亲对着丽莎说："丽娜，能帮我个忙吗？"丽莎就会笑着说："妈妈，您又弄错了。我是丽莎，您需要我做些什么？"小区旁杂货店的老板很不喜欢丽娜，因为每次去买东西，丽娜总会大声训斥丽莎，有时会说："你看清楚了再买，这东西是我们需要的吗？"要不就说："你是数学不好还是语文不好，写着买一赠一，你为什么只拿一个？"最过分的一次，丽娜竟说："我真希望你去整一下容，你的愚蠢很让我丢脸，如果你和我长得不像，我就可以装作不认识你了。"人们经常会听到丽娜的咆哮声，却很少听到丽莎的反驳声。有一次，丽莎独自一人去买东西，恰巧遇到了邻居泰勒夫人，她小心翼翼地问："孩子，你是丽娜吗？"丽莎微笑着说："夫人，我是丽莎。"此时，泰勒夫人长长地舒了一口气："还好不是你姐姐，上次我叫错了名字，她大嚷着向我纠正，吓得我差点犯了心脏病。丽莎我想问你，丽娜的脾气那么坏，还经常训斥你，你就一点都不生她的气吗?”丽莎无所谓地说：“这有什么，她也是为我好，再说骂两句也不会失去什么，她愿意骂就随她好了。”听到丽莎的回答，泰勒夫人赞赏地向她点了点头，说：“孩子，这是我刚买的冰糕，给你和姐姐一人一支吧!”丽莎感激地说：“谢谢您，不用了，我家里有。夫人，很高兴见到您，再见!”

看着丽莎离去的背影，泰勒夫人笑着说：“多好的姑娘啊!”

成功课堂

丽莎的性格和品德值得我们学习，现在很少有人能那么大度地面对别人的批评了。相反，却有不少人常常会因为措辞不当而大打出手。如果都能像丽莎那样，为人豁达又谦逊有礼，我们的社会就会变得更加和谐。

温莎公爵的智慧：善待他人

一次，身为皇储的温莎公爵，在伦敦接待了印度居民首领。为了表示诚意，温莎公爵决定在伦敦举办晚宴款待宾客。

当晚宴快要结束时，侍者给在座的每一位客人端来了一盆水，印度客人看到做工精细的洗手盘，以为这水可以喝，随即端起一饮而尽。在座的英国贵族都惊讶地看着印度来客，只有温莎公爵依然泰然自若地一边与众人说笑，一边也端起洗手盆，像印度客人那样一饮而尽。接着，在场的贵族们也纷纷效仿，原本尴尬的场面顷刻间化解了。

最后，这次宴会在意外中圆满结束。

成功课堂

我们所说的大智慧其实就是一种涵养，有涵养的人善于学习，他们可以从话多者身上学到静默，从无情者身上学到仁爱，最终会把别人的失误变成智举。

怒火等于泥巴：不要轻易发怒

伊莎贝拉是一名在读博士生，这天她在实验室做演讲报告时，另一名博士生卓森出言不逊，并当众挖苦她的见解平庸。这令伊莎贝拉大为恼火，当她心中的怒火即将爆发时，导师的话却让她平静下来。

导师慢条斯理地说："年轻人，有时候我们很难理解别人的言行，但不要因为他们而影响了自己的心情。其实，怒火和泥点一样，就像今天早上过马路时，一辆卡车在我旁边飞驰而去，因此溅了我一身的泥点，如果我当时立即去擦，衣服一定会变得污浊不堪。所以，我没有去管它，而是到办公室后把外套脱下晾在了衣架上，之后就专心地工作了。等工作忙完后，泥巴也晾干了，这时只要轻轻一搓它就掉下来了，现在你还能看到我衣服上的泥点吗？"

如此恰当的比喻，很快使伊莎贝拉明白了其中深刻的含意，她感激地连连道谢。

成功课堂

不会控制自己情绪的人，必受其害。当我们无比愤怒时，最好的解决方法不是马上将它发泄出来，而是像处理泥点一样，先"晾"一会儿。等情绪平复下来，你或许会发现，愤怒就像泥点一样轻而易举就擦去了。

独木桥：学会给别人让路

一天，伯尼外出游玩，经过一座独木桥，刚上桥就看见对面走来一位孕妇，伯尼很绅士地转过身走回桥头，让孕妇先过。

伯尼第二次上桥时，刚走到桥中间，又碰到一位挑柴的樵夫，伯尼二话没说，又返回桥头，让樵夫先过。

第三次，伯尼没有贸然上桥，而是等到桥上的人走光了才匆忙走上去。眼看就要到桥头了，伯尼却看见一位推着独轮车的农夫正迎面走来。因为马上就要到桥头了，伯尼便摘下帽子，很礼貌地说："先生，您能不能先让我过去。"农夫一听就急了，瞪大了双眼说："我急着去赶集，凭什么先让你过？"两个人谁也不让谁，就这样对峙了好久。

这时，远处一位神父乘着小船来到桥边，两人都说让神父帮他们评理。

神父问农夫说："你很着急吗？"

农夫回答说："是啊，我真的很着急，晚了就赶不上集了！"

神父接着说："你既然忙着赶集，为什么不尽快给绅士让路呢？其实你只要再等几秒钟，这位年轻人就可以过去了。你们这样争执不休，其实更耽误时间。"农夫低头不语。

神父又问伯尼："你为什么不给这位农夫让路呢？莫非就是因为你快到桥头了吗？"

伯尼辩解道："在农夫之前，我已经给很多人让路了，现在我马上就可以过去了，为什么还要给他让？"

神父反问说："那现在你过去了吗？你既然已经给那么多人让路了，就不能再给农夫让一次吗？"

成功课堂

在我们人生的旅途中，也会遇到类似的情形。其实，给别人让路的同时，也是在给自己让路，既展现了我们的风度，又为彼此节省了时间，何乐而不为呢？

主教的气度：学会包容

世界著名作家雨果，曾塑造过一位名叫冉·阿让的园艺工人。

那个严冬，冉·阿让仍找不到合适的工作，可他还要解决孩子们的吃饭问题。走投无路的他砸开了面包店的玻璃，为孩子们偷了一块面包。不幸的是，冉·阿让被警察抓住了，因盗窃罪被判刑五年。这期间，冉·阿让四次越狱都没能成功，反而使刑期延长了十九年。

十九年后，冉·阿让出狱了。在进监狱之前，冉·阿让本是一位安分守己的好公民，但因为出狱后他既没有工作，又处处受到别人欺辱，最终变成了一个不折不扣的强盗。因此，冉·阿让长久生活在逃亡中。

一个风雪交加的雪夜，无处可去的冉·阿让昏倒在路边。幸运的是，冉·阿让被好心的主教米里救了，并把他带回家中。主教米里像对自己的家人一样款待冉·阿让，但冉·阿让却趁着主教熟睡之际，偷走了他家里的全部银制器皿。

这次，冉·阿让在逃跑的时候，被巡逻的警察抓住了，但没想到主教却对警察说："这些银器是我送给他的，你们把他放了吧。"警察只好把冉·阿让放了。

警察走后，主教送给冉·阿让一对银烛台，说："这些银子是用来救赎你的灵魂的，拿去吧，希望你今后能做一个诚实有用的人。"

主教的仁慈深深触动了冉·阿让，他决定改过自新，重新做人。数年后，冉·阿让成为远近闻名的富翁。

成功课堂

包容是一种气度，一种胸襟，亦是一种修养。正如诗人拜伦所说，“爱我的我报以叹息，恨我的我置之一笑”。

拿破仑的经验：让他自讨没趣

年轻的拿破仑，在意大利战场上打败敌军凯旋。

因此，拿破仑在巴黎上层交际圈中的地位也得到了大幅提升，更成了贵妇们仰慕的对象。然而，拿破仑并不喜欢这一套，甚至有些厌恶。

可是，那些人总是厚着脸皮追着拿破仑不放，这对他造成了不小的困扰。就连当时的才女斯达尔夫人也加入其中，接连不断地给拿破仑写信，大概持续了半年之久。

在一次舞会上，斯达尔夫人头缠宽大的包头布，手拿桂枝穿过人群，朝拿破仑走了过来。拿破仑见实在没法避开，便在她送桂枝之时说：“应该把桂枝留给缪斯（即文艺之神）。”然而，斯达尔夫人只当拿破仑是在开玩笑，并没有感到不好意思，而是继续没话找话地与拿破仑闲聊，拿破仑出于礼貌并没有打断她。

斯达尔夫人问拿破仑说：“拿破仑将军，您最爱的女人是谁？”

拿破仑回答说：“我的妻子约瑟芬。”

斯达尔夫人谄媚地笑着说：“哦，这个问题太简单了！你最喜欢什么样的女性？”

拿破仑回答说：“我喜欢会做家务的女性。”

斯达尔夫人继续追问：“那么，你认为谁是女中豪杰？”

拿破仑淡淡地说：“生了很多孩子的女人，比如我妻子。”

他们这样一问一答，愈谈愈没趣。斯达尔夫人渐渐感到有些局促不安，知道是在自讨没趣，所以只好作罢。

斯达尔夫人尴尬地与拿破仑道别，从此再也没有出现在他的生活中。

成功课堂

有些请求我们无法拒绝，如果真的无法办到，大部分人会选择直接拒绝。然而，针对不同的对象，拒绝也要讲究方式方法，有时候需要直截了当，而有时需要措辞婉转。

黑色的印记：可怕的怨恨

艾伯特是一个爱憎分明的大男孩，容易情绪化的他总是喜怒形于色，最终导致与同事的关系时好时坏。

在炎热的夏天，最痛苦的事就是挤公交车。这天早上，未睡醒的艾伯特昏昏沉沉地来到车站，刚一上车就被别人狠狠地踩了一脚，疼痛让艾伯特完全清醒了，但心情却也因此变得烦躁起来。一个小时后，郁闷的艾伯特开始了一天的工作，因为昨天刚和同事大吵了一架，所以今天没人愿意和他说话，这使得乏味的工作更加无趣。可是，艾伯特从来都不会检讨自己，他把这一切都归咎于同事丹森。就这样，消极地做完了一天的工作，回到家的艾伯特为了发泄情绪，他开始大喊大叫起来。艾伯特的父亲被他疯狂的举动吓了一跳，快速跑到他的房间，担心地问："我的孩子，你这是怎么啦？"艾伯特坐在床上，目露凶光地说："可恶的丹森，我一定要给他点颜色瞧瞧。因为昨天和我吵架，他今天就用工作之便故意整我，所以我要诅咒他一辈子都生活在困苦之中。"了解了情况后，父亲把艾伯特从屋里拉出来，并让他把门口那袋煤搬了过来。

艾伯特疑惑地问:“爸,您这是要干什么啊? 上了一天班我已经很累了,没事您就让我多休息会儿行吗?”父亲没有说话,只是笑着脱下白衬衫并把它挂在了晾衣架上,然后才对艾伯特说:“你对丹森有多少恨,就拿多少块煤扔向衬衫。”艾伯特想这是个绝佳的发泄方式,于是他开始奋力向白衬衫砸去,不一会儿煤就全部被扔光了。这时,父亲走过来说:“艾伯特,你现在解气了吗?”艾伯特说:“还行,比之前痛快多了。”父亲摇了摇头问:“你看到衬衫有什么变化吗?”艾伯特说:“当然看到了,那上面被我打了很多黑印。”接着,父亲把艾伯特带到镜子前,问:“是衬衫黑还是你的脸黑?”艾伯特笑着说:“我的脸怎么会比衬衫还黑呢?”

面对还未醒悟的艾伯特,父亲严厉地说:“这没有什么好笑的,这些都是你对丹森的恨留下的印记。白衬衫就是丹森,他并没有因为你的恨受到多少影响,而你自己却因此消耗了很多体力,而且还留下了清晰的印记,这些印记就是现实生活中的伤痛。所以,怨恨越多,受的伤也就越重。”

成功课堂

怨恨只能使人头脑发热,为了报复而做出很多荒唐的事情,结果怨恨越来越多,朋友却越来越少。人与人之间肯定会有摩擦,但遇到问题就要积极去解决,适当的退让会让我们的生活变得晴朗,心情也会因此而舒畅。

勤狗懒猫:切忌黑白颠倒

阿尔瓦养了一只猫和一只狗。

每当阿尔瓦不在家的时候,狗便竖起耳朵在自家附近巡逻,只要有一点动静,它就会狂吠着跑过去。就这样,狗每天都认真地为阿尔瓦看家护院，只有阿尔瓦在家时，它才能放松一下紧绷的神经，小憩一会儿。因此，阿尔瓦觉得这只狗是个懒惰的家伙，一点也不称职，所以从不会拿好吃的奖赏它。

那只猫就不同了，每当阿尔瓦不在家时，它就会呼呼大睡，就算家里的耗子从它面前经过，也会装作看不见。然而，阿尔瓦在家时，猫会时不时地舔舔阿尔瓦的脚，或是在他身上蹭来蹭去，但从来都不会睡觉。阿尔瓦认为，这是只可爱又勤劳的猫，因此经常会拿好吃的奖励它。

然而，阿尔瓦和妻子在家的时间并不多，所以这只猫就总是偷懒。渐渐地，家里的耗子越来越多。突然有一天，阿尔瓦发现那件心爱的皮衣被耗子咬坏了，他因此大发雷霆，对妻子说："家里的耗子都猖獗到这种地步了，我觉得是因为这只狗太懒惰，根本不帮猫捉耗子，我看还是把狗赶出去吧，留着它也是浪费粮食。"阿尔瓦的妻子说："我觉得也是，这只狗太懒惰，就知道睡觉。咱们把狗赶出去再养一只猫，怎么样？"阿尔瓦说："好，就这么办。"

阿尔瓦夫妇无情地将狗赶了出去，这只狗很不情愿地离开了这个家，当它刚踏出家门口时，就看到那只懒惰的肥猫正得意地偷笑。

自从狗被赶走后，阿尔瓦真的又养了一只猫。可令阿尔瓦没想到的是：耗子越来越多，家里的东西却越来越少，没有了狗，小偷和老鼠一样猖獗起来。于是，阿尔瓦夫妇开始怀念那只被赶走的狗，然而它已经有了新的主人。

成功课堂

猫好吃懒做，却被主人欣赏、夸奖；狗勤奋工作、尽职尽责，却被主人赶了出去，这是多么讽刺的一件事啊！因此，我们在与人交往时，一定要做到是非分明，切忌黑白颠倒，这就需要我们多听、多看、多思考。

伯顿去旅行：正确利用经验

伯顿决定从华盛顿州出发，最后到达科罗拉多州进行一次长途旅行。临行前，伯顿的叔叔布兹来他家做客，目的是为了告诉他一些旅行方面的经验。

布兹对伯顿说："上火车后，首先要选个位置坐下，千万不要东张西望。火车开动之后，会有个穿制服的人找你要火车票，这个人是骗子，不要与他搭讪。"

伯顿不解地问："叔叔，我怎么才能辨别谁是骗子呢？"

布兹说："你长大了，应该具有独立思考问题的能力了，不要什么都问大人。"

伯顿似懂非懂地点了点头，说："我知道了，叔叔。"

布兹接着说："火车开出五十里，就会有个男士主动和你搭讪，并且会递给你一支烟，这时你要告诉他'我不会'。因为那个烟上有麻药。"伯顿认真地点了点头。

布兹继续说："如果你去餐车，就一定会经过吸烟区，必然会看到三个人在玩牌。而且，他们手上都戴着钻戒，如果他们向你点头，并邀请你加入，你就对他们说'我不会玩儿'。记住了吗？"

"记住了！"伯顿回答道。

布兹摸着伯顿的头说："这些都是叔叔的经验，并不是无中生有。还要注意的是，晚上睡觉的时候，要把钱从衣服里取出，放到靴子里，再把靴子放到枕头下，而且还不能睡得太沉。"

伯顿说："谢谢叔叔，我知道了。"

第二天一早，伯顿坐上了开往夏威夷的火车。

刚上车，果然来了一个穿制服的人向伯顿索票，但他并不是骗子。再往后，根本没人给伯顿烟，餐车上也没有牌桌。晚上的时候，伯顿听叔叔的话把钱放到靴子里，又把靴子压在枕头下面，而且一夜没敢合眼。

第二天，伯顿就把叔叔的话抛到了脑后。

后来，有个年轻人请伯顿吸烟，他欣然接受了。在餐车里，伯顿组织了很多人打牌，因此还认识了很多旅伴。因为还有很长一段旅程，伯顿又找人组成了一支合唱队，为大家唱歌来打发时间，由此还获得了乘客们的赞赏。

旅行结束后，伯顿的叔叔去火车站接他，说："我看得出，你的旅行很愉快。路上有没有遇到麻烦？你按照我说的去做了吗？"

"是的，非常感谢您。"伯顿说。

听到伯顿的回答，布兹微笑着说："看来我的经验对你很有帮助，真是件值得高兴的事。"

成功课堂

别人出于好心传授给我们经验时，我们应该礼貌地接受，因为经验都是他们从实践中总结出来的，可以让我们少走很多弯路。但切记，别人的经验不一定完全适用于自己，事物在不断变化，环境不同，应对方式就要灵活变动。

老鼠报恩：不要小看任何人

百兽之王当属狮子，所有的动物对它都是既敬爱又畏惧。

这天，一只小老鼠不幸被狮子抓住，但狮子经不住小老鼠的苦苦哀求，最终只好无奈地放了它。

重获自由的小老鼠真诚地对狮子说："我一定找机会来报答您的不杀之恩。"

狮子不屑地说："我怎么会有求于一只老鼠呢？别废话了，快给我滚！"

小老鼠仍感激地说:“会有机会的。谢谢您,再见。”

几天后,狮子像往常一样吃饱后悠闲地在森林里散步,不料一不小心落入了猎人的陷阱。然而,当狮子即将丧命于猎人的枪下时,有只小老鼠突然窜了出来,并勇敢地跳到猎人的头上。此时,受到惊吓的猎人丢下枪撒腿就跑,狮子便借机逃出了陷阱。

成功课堂

请不要小看任何人,也许在不经意间我们就有可能受到别人的恩惠。人生就是这样,你对他投之以桃,他就会报之以李。相反,你对他投之以飞刀,他就会报之以毒药。

可怜的阿尔文:不可盲目行事

一天,以饲养牲畜为生的阿尔文,骑着毛驴牵着一只羊进城去赶集,他的行踪被三个骗子知道了,于是他们想骗走阿尔文的羊和驴。

第一个骗子出场了,他趁着阿尔文骑在驴背上打盹之际,把羊脖子上的铃铛解下来系在了驴尾巴上,之后悄悄地把羊牵走了。

等阿尔文醒来后,忽然发现羊不见了,才赶忙返回去寻找。这时,另一个骗子走过来,假装热心地问:“朋友,你为何如此慌张?”

阿尔文说:“我的羊丢了,您看见了吗?”

骗子闻言,坚定地指向前方说:“我看见一个中年男人牵着一只羊往那个方向走了,不会是他偷了你的羊吧?”

阿尔文因为急着找羊,就把毛驴交给这个骗子“看管”。然而,等阿尔文失望而归时,毛驴和那个骗子早就没了踪影。

伤心的阿尔文边走边哭,当他经过一条小溪时,发现有人哭得比他还伤心。

阿尔文好奇地走过去问:“你为什么哭得这么伤心?”

那个人回答说：“我带了一袋金币打算去集市上买东西，路过这条小溪，想休息一会儿，不慎把金币掉到了水里。

阿尔文说：“你还不赶快去捞啊？”

那个人说：“我根本不会游泳，如果你能帮我把金币捞上来，我愿意分你一半。”

阿尔文一听大喜，他盘算着：我的羊和驴虽然都丢了，但如果因此得到一半的金币，不但可以弥补损失，而且还能重新买到更多的羊和驴。

于是，阿尔文连忙脱掉衣服跳下水。可是，他找了好久，什么也没找到，等他失望地上岸后，发现自己的衣服、粮食都不见了。欲哭无泪的阿尔文，只能光着身子跑回家去。

成功课堂

日常生活中，我们常常会因顾此而失彼。因此，我们在做一件事之前，一定要考虑全面，切不可盲目行事。否则，就会因小失大。

四位魔术师：不要嫌贫爱富

出生在富裕家庭的伊娃，是一个既娇气又高傲的女孩，吃穿不愁的她从小就鄙视那些可怜的穷苦人。

伊娃十六岁那年参加了一期大规模的夏令营活动，因为是国家出资组织的，所以不论贫富都有机会参加。伊娃兴奋地跟着领队老师来到了活动基地，因为路途劳累，所以第一天并没有安排活动，分好宿舍后就各自回去休息了。和伊娃同寝室的女孩叫芬妮，因为家境贫寒所以穿着很朴素。性格开朗的芬妮见到伊娃后，热情地与她打招呼：“嗨，你好，我叫芬妮，很高兴见到你。”可是，高傲

的伊娃却嫌弃地说："谁想知道你的名字，你最好离我远一点，别弄脏了我的衣服。"然而，芬妮并没有生气，只是无所谓地耸了耸肩，便开始收拾自己的行李。伊娃却因为和贫穷的芬妮分到一个宿舍而感到十分烦躁，她气愤地摔门而去。之后，伊娃哭着找到带队老师，抱怨说："老师，为什么要把我和芬妮分在一个宿舍？"老师奇怪地问："为什么不能把你们分在一个宿舍呢？"伊娃说："我讨厌和穷人住在一起，因为他们又丑又脏，把我的衣服都熏臭了。"听到伊娃的回答，老师温柔地把她叫到身边，心平气和地说："我的小公主，能静下心来听我给你讲个故事吗？"伊娃一边擦着眼泪一边说："当然可以。"

老师亲切地握着伊娃的手说："从前，有四个兄弟同时拜在同一位魔术大师的门下，他们彼此相互鼓励，并虚心在大师门下进行了长达十年的魔术学习。十年后，四个兄弟同时顺利地出师了，大师决定让他们自谋生路，临行前他把三样宝物赠给了老大、老二和老三，唯独没有给老四。可是，老四并没有因为大师的偏心而生气，依然心满意足地随师兄上了路。傍晚途径一间废弃的茅草屋，兄弟四人又饿又累，便决定在这里暂住一晚。因为天色已晚，屋内此时已是漆黑一片，于是老大把师父送他的宝物——蜡烛点亮了，此蜡烛非彼蜡烛，它是永远都不会熄灭的。接着，老二拿出了第二件宝物——桌布，这张桌布可以变出所有想要的美味食物。最后，老三为了让大家放松一下，便拿出了第三件宝物——竖琴，它可以自动奏出优美的乐曲。就这样，四人愉快地听着音乐品着美食，虽然房子破旧但他们依然很享受。突然，门外发出一阵声响，四人同时看向大门，随后老四便打开了门。当看到门外蹲着一位满脸脓疮的乞丐时，除了老四其他三人同时发出了厌恶的声音，乞丐很不自然地说，'能让我进去休息一会儿吗？'老四热情地将乞丐请了进来，并为他拿来食物，乞丐感激地接过来就狼吞虎咽吃起来。老大因为乞丐的突然出现，很不高兴地说，'真扫兴，美好的夜晚被这个脏东西给毁了’。听到老大的抱怨声，老二和老三也开始咒骂起来。乞丐难为情地对老四说，‘对不起，打扰你们了，我想还是离开的好’。老四因为顾及师哥们的感受，也就没再挽留这位乞丐，便亲自把乞丐送出了门。当他准备转身关门时，乞丐突然把一枚贝壳放在他的手里，说，‘这是一枚神奇的贝壳，把它放在耳朵上你就明白了’。老四好奇地把贝壳放在耳边，立即听到了熟悉的声音，‘孩子，我为能拥有像你这样的徒弟而感到骄傲，这个贝壳可以告诉你，每一个人对你的看法和评价，因为你为人真诚，所以我决定把它送给你，希望它能为你带来好运’。此刻，老四才明白，刚刚那个乞丐是自己的师傅装扮的。老四在心里感激地对师傅说，‘谢谢您！’很多年后，老四因为为人真诚又加上技艺精湛，所以，在魔术上取得了巨大的成功，而他的三位师哥却因为贪图享乐，为人尖酸刻薄，不仅宝物被人骗走，生活也变得极其贫穷。”

讲完故事后，老师问伊娃：“你是想和老四那样的人交朋友，还是愿意与他三位师哥那样的人为伍呢？”伊娃不好意思地说：“我当然喜欢和老四那样的人做朋友，老师我这就回去休息，不会再因和芬妮住在一起而烦恼了。”

成功课堂

没有永远的富人，也没有永远的穷人，我们不能戴着有色眼镜交朋友，嫌贫爱富只能让我们变得越来越孤独，因为每个人都希望别人能真诚地对待自己，所以只有一视同仁才能交到更多的朋友。

墙头草蝙蝠：站稳自己的立场

远古时期，飞禽和走兽之间因为一些小事而引发了一场大战。

结果,第一场战争飞禽赢了。正在飞禽为胜利庆祝时,蝙蝠出现了,它说:“恭喜各位,终于把那些讨厌的走兽打败了,你们是我心中的英雄。我也会飞,所以我也是你们飞禽中的一员,以后还请大家多多指教!”一场战争刚刚结束,飞禽很需要新伙伴的加入,从而壮大自己的队伍,因此飞禽们对蝙蝠的加入都表示欢迎。

然而,走兽并没有因为失败而罢休,不久之后便爆发了第二场战争。可是,蝙蝠这个胆小鬼,战争刚一打响,它就不敢露面了,偷偷地躲到山洞里观战。

不幸的是,这次战争飞禽输了,在走兽们高呼万岁的时候,蝙蝠随之出现在走兽的阵地,它说:“恭喜大家把那群该死的鸟类打败了,你们非常勇猛。我和老鼠是同类,因此也属于走兽,请让我加入你们吧。”可恶的蝙蝠,因此顺利地加入到走兽的队伍中。

就这样,每当飞禽胜利了,蝙蝠就加入飞禽的队伍;如果走兽胜了,蝙蝠就成为走兽的伙伴。

三年后,这场战争终于结束了,飞禽和走兽重归于好,双方都识破了蝙蝠的诡计,它们果断地把它赶了出去。

成功课堂

所谓“墙头草”,是比喻善于随情势而改变立场的人。故事中的蝙蝠偷奸耍滑、立场不坚定,虽然可以在短期内得到一些甜头,但长此以往必然会被大家识破。

独特的晚餐:与陌生人相处

卡尔德驾车去外地旅行,因为是第一次走这条路,所以他不幸迷了路。见天色已晚,卡尔德只好先去旅店住下,等天亮了再走。

晚餐时间到了,卡尔德早早来到餐厅等待,可他发现这家老式旅店里只有一张餐桌，这就意味着所有客人都要坐在一起用餐。这让卡尔德感觉很不舒服，他不习惯和一群陌生人一起用餐。很快就开饭了，卡尔德有些不知所措，环顾四周那些客人也和他一样不自在，只是愣愣地盯着自己的餐具，怕稍一斜视就会侵犯别人的隐私。大家动作很小心，生怕侵犯了别人的“私人空间”，卡尔德想：难道我的晚餐时间就要这样尴尬地度过吗？

于是，卡尔德拿起面前的醋，递给旁边的一位年轻人说：“我觉得这汤里放些醋会更好喝，也许您和其他客人也是这样认为的。”听到卡尔德的话，年轻人先是一愣，随后便笑着向卡尔德致谢。

年轻人给自己的汤里倒了醋，又把醋罐给了身旁的客人，不知从什么时候起，糖罐和盐罐也加入了“公关”行列，旅馆内的气氛也随之活跃起来。饭还没吃完，大家已经像朋友一样谈笑风生，众人间的“冰层”被一罐醋打破了。

第二天临行前，大家热情地相互道别。这时候，有位中年人大声说：“其实，昨天的汤，不加醋也很好喝。”大家听后都哈哈大笑。

成功课堂

很多人都抱怨，人与人之间的隔膜太厚。其实，人与人之间的隔膜很薄，只是没人敢将它捅破而已。只要我们每个人都拿出一点勇气，就会发现一罐醋，甚至是一个微笑，就能拉近人与人之间的距离。

第七章　良好习惯，好习惯，好人生

你反复的行为便形成了习惯，而习惯又反过来塑造了你独特的自我。一位哲人曾说："种下一种行为，收获一种习惯；种下一种习惯，收获一种个性；种下一种个性，收获一种命运。"好的习惯会使你内心涌动着一股奋发向上的力量。

马儿的习惯：习惯的力量

聪明的爱布特，从小就与父亲一起住在山上。勤劳的父亲开荒种地，因为土地肥沃蔬菜长势很好。因此，父子俩几乎每天都会赶着马车去山下的集市卖菜。由于父亲在赶车方面比较有经验，所以一直都是由父亲当车夫。山路崎岖不平，弯道也特别多，所以眼力好的爱布特总会在拐弯时提醒父亲："爸，前方拐弯。"

有一次，父亲因为腿疾无法赶车，爱布特只好独自赶马车下山。可是，到了拐弯处马儿怎么也不肯走，爱布特用了很多办法都不奏效。爱布特想：这是怎么回事啊？突然，爱布特灵光一闪，贴着马儿的耳朵说："爸，前方拐弯。"

马儿闻声而动，最终爱布特顺利抵达集市，卖掉了所有蔬菜。

成功课堂

人和马儿一样，都有着各自的生活方式和习惯。有的人之所以成功，是因为他拥有很多好习惯，当一个人的好习惯积累多了，人生之路自然也就畅通无阻。

亚尔林面试：好习惯改变人生

亚尔林是一个年过花甲、脾气古怪的富翁。一天，心血来潮的亚尔林突然想找一个男仆来服侍自己，他对男仆的唯一要求是必须诚实正直。很快，亚尔林就收到了三十多封求职信，经过层层筛选，他选出了四位优秀的年轻人，并要求他们来面试。

为此，亚尔林提前准备了一间大房子，让四人逐一进去，要求他们在里面休息一会儿。

第一位应聘者进去后，看见桌子上摆着一只精美的小盆。好奇心驱使他把盆拿起来，随后里面的羽毛便开始随意飘散。第二位应聘者进去后，发现餐桌上放着一盘诱人的樱桃。于是，他随手拿起一颗，结果刚咬了一口，就被里面的辣椒面呛得睁不开眼。第三位应聘者进去之后，看见一个没上锁的保险箱，于是他小心翼翼地把箱门打开，谁知门刚打开警铃就响了。因此，前面三位应聘者都不符合要求。

只有最后的那位年轻人，静静地在椅子上坐了半个小时，屋里的摆设他连碰都没碰。这时，亚尔林高兴地走了进来，满意地对年轻人说："小伙子，你被录用了。"与此同时，亚尔林又问："我的房间里有这么多新奇的东西，难道你就不想动一下吗？"年轻人回答说："这些都是您的东西，在没有您的允许下，我是不会随便乱动的。"

后来，这位诚实的年轻人一直服侍着亚尔林。为了感谢年轻人，亚尔林临终前给他留下了一大笔遗产。

成功课堂

好习惯可以改变命运。有研究数据表明，一个人是否能够成功，百分之二十与智力有关，百分之八十与信心、意志、兴趣、性格、习惯有关，然而个人习惯比其他因素占的比例都大。换言之，想要取得成功，就必须培养良好的习惯。

一只足球：帮他人也是帮自己

每周六，爱丽丝的母亲都会带着她去小区旁边的公园里玩，因为会有很多孩子在那里玩耍，所以爱丽丝也很乐意去。

这天，爱丽丝穿着漂亮的裙子，高兴地拉着母亲的手向公园走去。途经足球场时，突然飞出一只脏兮兮的足球，恰巧砸在了爱丽丝的身上，漂亮的裙子瞬间弄脏了。爱丽丝摔倒在地，她还因此撞到了正好经过的骑车人。骑车人关切地把爱丽丝扶了起来，看到她的母亲在身边就骑车离开了。这时，有个小男孩隔着铁丝网对爱丽丝说："真的对不起，我们不是故意的。不知道你能否帮我把球扔进来？"爱丽丝生气地说："不能，你自己去捡吧！"小男孩无奈地耸了耸肩，正准备从铁丝网那边翻过来，爱丽丝的母亲却说："孩子危险，还是我帮你捡吧。"当母亲把球重新扔回足球场后，爱丽丝不满地说："您为什么要帮他们，是他们把我的裙子弄脏了，让我不能去公园玩了，应该惩罚他们。"母亲微笑着说："宝贝，回家换件衣服，我们依然可以去公园玩，为什么要对别人这么刻薄呢？他们又不是故意的。"

随后，爱丽丝噘着嘴和母亲往家走，到家后她依然很郁闷。母亲把她叫到身边，摸着她的头说："帮助别人是一种美德，说不定你还会因此而受益。"爱丽丝说："不可能，他们害得我要回家换衣服，玩的时间减少了很多。而您的帮助却让他们能够继续快乐地踢球，您说是他们受益还是我受益？"母亲笑着说："孩子，为人不能这么狭隘。我的老师曾经讲过这样一个故事：曾经有位律师，他在不经意间帮助了一位因为没有一美元而险些拿不到绿卡的年轻人。后来，因为经济危机，这位律师破产了，当他走投无路时，突然有人为他提供了一大笔资金，让他重新振作起来。这位资助他的人，就是律师当年帮助过的那位年轻人。虽然律师早已忘记了这件事，但他却因此从困境中获救，重新变得富有起来。”听了母亲的话，爱丽丝很不情愿地点了点头，说：“好吧，希望恩惠能早点到来。”

随后，妈妈为了早点把爱丽丝的裙子洗干净，就让她一个人去公园玩。没想到刚出门没多久，爱丽丝就遇到了一个酒鬼，当酒鬼骚扰她时，踢球的那群男孩急匆匆地跑来，帮她解了围。爱丽丝感激地说：“谢谢你们，之前真不该对你们那么凶。”男孩们无所谓地说：“没关系，是我们不对。你的母亲还帮我们捡了球，就算我们感谢她吧。”男孩们说完，又跑回去继续踢球了。

成功课堂

不要因为一点小事，便对他人怀恨在心，其实很多事情都是巧合，我们要以一颗包容的心去原谅别人的失误。要知道，帮助他人往往也是帮助自己。

兄弟俩分匾：将勤俭变成习惯

在长白山脚下，住着一位名叫李成的农民，因为勤俭的好习惯，所以他衣食无忧，日子过得十分美满。

在李成弥留之际，他把一块刻有“勤俭”二字的匾额交给了两个儿子，告诉他们：“如果你们不想挨饿受穷，就必须按照这两个字去做。”说完便撒手人寰了。

后来，李成的两个儿子在分家时，把这块匾额一分为二，“勤”字给了老大，“俭”字给了老二。

老大回到家后，把“勤”字高悬于家中，每天“日出而作，日落而息”，又加上风调雨顺，所以他家年年五谷丰登。可是，老大的妻子却大手大脚，儿子们也常常把白面馒头吃一半丢一半。就这样，不到半年，家里就一点余粮也没有了。

老二分得那块“俭”字牌匾后，把“俭”字当作神谕供奉在中堂，却把“勤”字抛到了脑后。因为疏于务农，每年收获的粮食并不多，尽管一家节衣缩食，日子依然非常艰苦。

这年遇上了大旱，半年没下一滴雨，使得老大、老二家的粮食颗粒无收。兄弟俩拿着各自的牌匾来到父亲坟前，他们想问问父亲：为什么他们按照牌匾上的做了，却依然贫穷。坟墓里的父亲当然不会给出任何答案，兄弟俩一气之下，将“勤”“俭”两块匾额重重地扔在地上。这时，他们才发现牌匾的背面写着两行字：“只勤不俭，好比端着无底的碗，总也盛不满；只俭不勤，坐吃山空，一定要受穷挨饿！”兄弟俩恍然大悟，原来“勤”“俭”两字是不能分开的，它们相辅相成，缺一不可。

成功课堂

勤俭是中华民族的传统美德，它能让贫瘠的土地开出富裕的花朵，也能让富有的土地上结出智慧的果实。所以，我们应该让勤俭成为一种习惯、一种精神。

新的家园：幸福是一种习惯

随着人类的不断发展，森林和草原却遭到了前所未有的破坏，许多动物因此无家可归。为了生存，森林之王狮子把动物们召集到了一起，共同商讨对策，最终决定让骆驼带领大家去寻找新的家园。

计划刚一出炉，动物们立即行动起来，随后骆驼便拿着地图带大家上路了。为了不引起人类的注意，这支队伍只有五位成员，除了队长骆驼，还有灵活的猴子、高挑的长颈鹿、强壮的大象和聪明的狐狸。一开始大家还有说有笑，但渐渐地由于饥饿和恐惧，队员们都沉默了，只有灵活的猴子依然活蹦乱跳的。猴子有时会调皮地把人们晾在外面的衣服穿在自己的身上；有时为了偷懒，它会赖皮地坐在大象身上休息片刻；有时它还会很过分地把吃剩下的香蕉皮丢在狐狸的脚下，让狐狸在毫无防备的情况下滑倒……猴子的过度兴奋引起了队友们的不满，长颈鹿气愤地说："猴子，你就不能沉稳些吗？大家都在为未来犯愁，你却很快乐，难道你已经把事情解决了？"猴子笑着说："我要是解决了，还会让你们像无头苍蝇一样乱走吗？但是你们如此消极的情绪，会让自己越来越苦恼的，不如以乐观的心态来解决问题。你们只要试着让自己幸福，就一定会快乐起来的，不信你们试试。"

听了猴子的话，队友们便试图让自己有幸福感。果然，大家的情绪又重新高涨起来，新的家园也很快被找到了。

成功课堂

当幸福变成一种习惯，我们的生活将会拥有数不尽的快乐。那么，就让我们从现在开始培养自己愉快的感觉，并逐渐养成幸福的习惯吧！

角色对换：知足也是一种美

埃里克是一位成功的企业家，然而他却并不快乐，除了在客户面前强颜欢笑外，平时他总是愁眉苦脸。

这天，赶去参加会议的埃里克，正开车飞速地向前行驶着，突然一个乞丐出现在他的视野里。埃里克立即踩了刹车，即便如此车还是因为惯性滑出了十多米后才停下来，他慌张地下了车，大声呵斥道："你想找死吗？要不是我反应快，你早就被车撞飞了！"然而，乞丐并没有生气，而是很平静地说："我就是想死。"埃里克很诧异："什么？我没听错吧？你还真的是找死？"乞丐点了点头。"是的，生活太无趣，我受够了贫穷和被别人歧视的感觉，死可以让我永远解脱。"埃里克听后，气愤地说："你以为就你有烦恼吗？我们都有烦恼，如果都去死，那世界上早就没人了。"乞丐苦笑道："你们有钱人吃好的穿好的，还能住高档别墅，怎么可能会有烦恼？别开玩笑了。"埃里克说："当然有，每天都有那些无聊的饭局，还有那些让人头疼的阴谋诡计，占据了我所有的时间。妻儿也因此抱怨我总没时间陪他们，虽然有了花不完的钱，但我没有你这么自由，所以我的烦恼也不比你少。"乞丐难以置信地望着埃里克，说："这么说你很羡慕我了，那咱们换换好了，我去替你当总裁，你做乞丐怎么样？"埃里克说："好啊，以一个月为限，还在这里相聚，到时看我们能否找到快乐。"就这样，埃里克和乞丐交换了衣服，并把车钥匙给了乞丐，便就此分开了。

一个月后，两人按照约定回到原地，埃里克问："你感觉怎么样？"乞丐疲惫地说："我认为还是过以前的生活比较好，这钱挣得太辛苦了，累心又累脑，还是当乞丐舒服。"埃里克笑着说："正合我意，乞丐的生活太痛苦了，没好衣服穿也就罢了，连饭都吃不饱，要自由有什么用。"说完，两人就又恢复了从前的身份，高兴地各奔东西了。

成功课堂

欲望让我们拥有拼搏的动力，然而过多的欲望让我们永远没有满足感，最终只能为那些得不到的而伤感，为此永远地活在悲伤中。所以，不如适当减少一些欲望，让我们渐渐学会知足，知足才能常乐，才能轻松生活。

勤奋与思考：智慧来源于思考

数学系的卡斯帕，是一位非常刻苦的学生，不论同学还是老师都经常看到他在教室里疯狂地做试题。

一位新来的大学教授很好奇，他想不通卡斯帕为什么总会有那么多的试题要做。于是，教授拿着两瓶饮料坐在卡斯帕的身边，说："卡斯帕你已经学了很久，休息一会儿喝瓶饮料吧，顺便和我聊聊好吗？"

卡斯帕诧异地接过饮料，说："谢谢您的饮料，不知教授想和我说些什么？"

教授微笑着说："你是咱们学校唯一一位如此勤奋的学生，我不知你想拥有一个怎样的人生，可以和我说说吗？"

卡斯帕不好意思地说："我只是一心想多做些题，并没有考虑过以后。"

教授惊讶地看着卡斯帕："难道你只是想让自己忙碌些，并没有什么理想吗？"

卡斯帕说："还有很多试题等着我做呢，哪有时间去想啊！"

教授叹了口气，缓缓地说："从小学到大学，你的学习生涯差不多有二十年了，怎么连为什么学习都不知道？难道上大学就是为了学会如何做题吗？不知道思考的人，成绩再好又能怎样，只能成为一台学习的机器！"

说完，教授便转身离开了，因为他知道不会思考的人，再勤奋也只能碌碌无为地度过一生。

成功课堂

孔子说："学而不思则罔，思而不学则殆。"勤奋固然重要，但只是勤奋而不会思考，我们的人生依然毫无意义。人和动物的区别在于，人类不只是会劳动，更重要的是人类会思考，智慧创造奇迹，而智慧是由思考而产生，所以只有会思考的人才能成为杰出的人。

杰瑞的成功之路：微笑的力量

自信满满的杰瑞，高兴地来到销售部，他认为凭借自己过硬的专业技能，一定能得到一个满意的职位。

然而，结果却令人失望，面试官以他没有完美的微笑而拒绝录用他。沮丧的杰瑞伤心地回到家，让他百思不得其解的是：为什么销售部会要求职员必须拥有完美的微笑呢？于是，杰瑞给自己的专业老师打去电话，想让他帮自己解开心中的疑惑。当了解了杰瑞的困惑后，老师只对他说了一句话："请你以顾客的身份到商场里感受一下，答案自然就会明了。"杰瑞立即出门寻找答案，他假装去买电吹风，售货员面带微笑地为他介绍着产品，其实喜欢留短发的他根本用不到吹风机。可是，就因为售货员从头至尾的微笑服务，让杰瑞忍不住买了一个根本用不上的吹风机。从此，杰瑞知道了微笑的作用，他开始在家苦练微笑。

半年以后，杰瑞不仅找到了理想的工作，不久后还被晋升为售后服务部经理，不论多么难缠的顾客只要见到他，总能满意地离开，这就是微笑的力量。

成功课堂

请养成微笑的好习惯。善意地对他人微笑，你能收获好人缘；甜甜地对家人微笑，你能得到更多关爱；坚强地对生活微笑，你能克服所有困难……

推销员德尔森：现在就去做

德尔森特别喜欢钓鱼和打猎，只要一有时间他就会带着猎枪和渔具来到六十里外的森林里游玩。一般情况下，德尔森会玩得筋疲力尽、满身泥巴后才肯回家。

唯一令德尔森感到困扰的是，打猎需要很长时间，因此严重影响了他推销保险的业绩。

有一天，当德尔森依依不舍地离开森林时，他突然想到：也许这里的居民也需要购买保险，那我不就可以一边游玩一边工作了吗？

结果，德尔森真的在这里找到了需要买保险的居民，这些人都是铁路公司的员工，他们分散居住在沿线七十里铁轨的附近。德尔森心想：我是不是可以向附近的铁路职工和猎人推销保险呢？于是，德尔森大声地对自己说："现在就去做吧！"

写好计划后，德尔森便开始行动，他向一家旅行社要来了路线图，就赶回家整理行装，之所以如此着急，他是怕时间久了自己会反悔。

随后，德尔森便沿着铁路来回走了好几遍，那里的人都叫他"步行的德尔森"。因为德尔森是卖保险的，所以刚开始大家都不喜欢和他来往，但时间久了人们渐渐发现，德尔森不但会做饭，而且还会理发。因为这些与世隔绝的人大多是单身汉，他们早就吃腻了快餐，所以会做饭的德尔森自然在这里很受欢迎。与此同时，德尔森也在尽情享受美好的生活，他每天都会到山野间打猎、钓鱼。

大家也许不知道，在保险行业中，对于每年可以卖出一百万美元以上保单的保险人，会给予特别的头衔——“百万推销员”，聪明的德尔森很快就成为了他们中的一员。

成功课堂

“现在就去做”这句话，可以帮助你去做一些你不喜欢却又不得不做的事情，也可以让你像文中的德尔森一样做一些你想做的事。因此，要想有所成就，那么请“现在就去做”。

助理的好意：关心是种美德

埃德加是一名经验丰富的话剧演员，因他为人和蔼可亲，得到了许多同仁的喜爱和敬仰。

记得那次，埃德加正准备登台，突然助理激动地对他说：“先生，您的鞋带开了，快系好吧，不然会被它绊倒的。”埃德加微笑着说：“谢谢你的提醒，我这就把它系好。”说完，埃德加低头假装去系鞋带，但当他用余光看到助理离开后，便又重新抬起头来。这时，埃德加的学生疑惑地说：“老师，您的鞋带并没有系上。”埃德加点了点头说：“我知道，因为它并不需要系。”学生挠着头问：“为什么？您不怕被它绊倒吗？”埃德加回答说：“你忘了我将要出演的角色吗？乞丐怎么会把鞋子系得很整齐呢？只有衣衫不整，才能更好地刻画出这个形象啊！”学生红着脸点了点头，说：“老师，我知道了，是我忽视了细节。但您刚才为什么不对助理说明呢？”埃德加意味深长地说：“他也是一番好意，关心别人是一种美德，所以我们要配合他，把这种好习惯延续下去。”

成功课堂

人都有脆弱的一面，我们都渴望被别人关心和爱护。然而这些都是相互的，当我们用真心爱护他人的时候，别人也会用真心回馈我们，只有这种良性循环，我们的社会才会变得更美好。

主动买票：做事不欺心

圣诞节就要到了，人们都在积极地为节日准备着，安东尼奥也不例外。

然而，直到圣诞节的前四天，安东尼奥才正式放假。收拾好东西后，安东尼奥高兴地来到车站，上车后发现售票员正从最后一排，艰难地挤着向前卖票，因为要回家过节的人太多了，连狭窄的过道上都站满了乘客。还有一些人在与售票员讨价还价，认为圣诞节期间不应该提价，他一言我一语地把售票员吵得晕头转向。最后，售票员竟然把坐在一旁的安东尼奥给漏掉了，可是他早就将买票的钱准备好了。

突然，安东尼奥想起了一件往事。那时他只有七岁，被奶奶派去杂货铺买盐。然而，快走到家门口时，安东尼奥却发现买盐的钱还在手里捏着。于是，安东尼奥想都没想就转身返了回去，把钱给了杂货店的老板。得到了老板的赞美后，安东尼奥特别开心，回到家立即把这件事告诉了奶奶，奶奶夸奖他说：“我孙子做得对，是个诚实的好孩子。人活在世上，任何时候都要对得起自己的良心，千万不能欺心。”

回过神后，安东尼奥对自己说：“下车时，我一定要把车票补上。”

很快车到站了，安东尼奥走到车门口，把手里的二十美元递给了正在打扫车厢的售票员。售票员先是一愣，然后笑着说：“现在像你这样诚实的人不多了。”

成功课堂

无论什么时候，我们做人做事都要对得起自己的良心，只有这样内心才会安宁，灵魂才会清澈。做事不欺心的人，更容易品出生活中的美味，活得更加快乐。

死心眼的高僧：培养你的耐心

很久以前，有位高僧为了弘扬佛法，带着弟子四处游历。途经一片森林，高僧感到有些口渴，便请徒弟帮他找些水来。

高僧对徒弟说：“刚才我们经过一条小溪，我发现那里的水很清澈，你帮我从那里取些水来喝。”徒弟向小溪跑去，然而不一会儿他就空手而归，对师傅说：“那条小溪因为有动物经过，现在已经变得浑浊不堪了，我们不如去前方找些水喝。”可是，高僧依然要求徒弟去刚才那条小溪取水，无奈徒弟只好再去一次。这次，徒弟依然没能取到水，他对高僧说：“师傅，那条小溪的水依然很浑浊。”高僧说：“和第一次相比如何？”徒弟说：“和第一次相比确实干净了一些。”高僧说：“那你再去一次，这次必须取到水才能回来。”徒弟无奈地再次向小溪走去。来到小溪边，他看着浑浊的水自言自语：“师傅为什么这么死心眼，非要喝这里的水，既然取不到水就不能回去，我不如先在这里休息一会儿。”就这样，徒弟席地而坐，眼睛直勾勾地盯着溪水。不久，他便发现泥土慢慢沉淀下去了，溪水又重新清澈起来。

等候多时的高僧，看到徒弟兴奋地取水而归，便问他：“通过这件事,你悟出什么没有?”徒弟说:“我懂了,只要有耐心,万事皆能成功。”

成功课堂

世间万物都会变,但事物的本质不会变,只要我们不被眼前的景物所蒙蔽,终究会等到我们想要的结果。拥有耐心很重要,它可以让我们突破每一道关卡,最终等到时机成熟的那一秒,从而感受到成功的喜悦。

美丽的微笑:信念永不改变

非洲一座火山爆发后,泥石流也随之而来。巨大的石头随着陡峭的山体狂泻而下,于是位于山脚下的小镇受了灾,房屋、树木、居民都未能幸免。

泥石流发出的巨响,把睡梦中的十四岁女孩惊醒了。然而,此时涌进屋内的泥石已经埋到她的颈部,小女孩只能勉强露出头部和双臂,闻讯赶来的营救人员焦急地看着她,但始终无计可施。因为对于遍体鳞伤的小女孩来讲,每一次拉扯都会对她造成更大的伤害。此时,房屋早已不见踪影,小女孩的父母也遇难了。年幼的小女孩是村子里为数不多的幸存者。

当世界各地的记者把摄像机对准小女孩时,她并没有喊一个痛字,而是始终咬牙坚强地微笑着,并且不停地向救援人员挥手致谢。她还不时用两手比成 V 字形,因为女孩坚信政府派来的救援队一定可以把她救出去。可是,救援人员已拼尽全力,却没能把小女孩救出来,等待她的只有被泥石流一点一点掩埋。

在生命的最后一刻,小女孩的脸上依然洋溢着美丽的笑容,并且双臂始终保持 V 字形。在那一刻仿佛时间停止了,在场的每一个人都含泪目睹了这一悲剧的全过程，世界似乎也为此停止了喧闹。

成功课堂

死神可以夺走宝贵的生命，但它永远也抹不掉小女孩美丽的微笑。可以穿越灵魂、生死的微笑，往往蕴含着震撼世界的力量，让人生的苦痛如烟般慢慢飘散。女孩用坚强的信念，为自己谱写了完美的人生乐章。

挡路的巨石：命运自己掌控

从前，一位名叫巴尔克的国王，他决定从十位王子中选一位作为自己的继承人。于是，巴尔克命令一个大臣，在一条两侧临水的路上安置一块大石头，每个想要从此经过的人，都必须将其推开或爬行才能通过。

接着，国王便吩咐众王子分别通过那条路，要求他们尽快把一封密信送给那位大臣。当王子们全部返回后，国王对众王子说："你们是怎样将信送达的？"

大王子说："很简单，爬过那块巨石，信就送到了。"

二王子说："我是划船过去的。"

就这样，他们一一介绍了自己的方法，然而十位王子十种方法，唯有小王子的方法最与众不同，他说："我是从大路上跑过去的，那块巨石根本就不是石头，我轻轻一推它就掉到了河里。"

小王子的话音刚落，国王就笑了起来。其实，那块所谓的巨石，是巴尔克找工匠用很轻的材料仿造而成的。随后，巴尔克便把王位传给了这位敢于挑战的小王子。

成功课堂

那些将命运交给别人，想要坐享其成的人，一生都只能活在别人的世界里。盲目的依赖和相信别人，永远都不可能成功。不如亲自去尝试和挑战，或许我们会得到意想不到的结果，最起码我们的生活能更加丰富多彩。

兔子罗比：有"礼"走天下

一只名叫罗比的兔子很有修养，待客总是彬彬有礼。

这天，罗比跑到农田里偷吃胡萝卜，填饱肚子后正准备回家，忽然看见不远处有一只想要偷鸭子的狼。狼没吃到鸭子，生气地在农田里乱窜。

罗比心里很害怕，心想：我必须马上离开这里。于是，罗比飞快地跑进一座山洞里，然而他并不知道，这座看似安全的山洞，实际却是蟒蛇德克的老窝。

罗比有个好习惯，每次去别人家总是先敲门，得到主人允许后才进去。

罗比来到山洞前，停住脚步想：我必须要向这里的主人打招呼才能进去，可谁居住在这里呢？不如就先和山洞问声好吧。

于是，兔子整理了一下衣衫，大声说："山洞您好！我是兔子罗比，能让我进去待会儿吗？"

这时，洞里的德克知道兔子要来访，心里特别高兴，他早就想吃兔肉了。

于是，德克回答说："当然可以，请进来吧！"德克想等兔子进来后，他就可以饱餐一顿了。

然而，聪明的罗比听出了蟒蛇的声音，虽然被吓了一跳，但幸运的是他并没有贸然闯进去。随后，罗比礼貌地说："还是不打扰您休息了，妈妈还在等我回家吃饭呢！”话音刚落，罗比拔腿就跑。

这时，德克后悔地说：“我真不应该回答他。这只该死的兔子，礼貌地打招呼，原来是别有用心。”

成功课堂

俗话说，“礼多人不怪”。兔子罗比一向和善有礼，也正因为这个好习惯，让他在关键时刻捡了一条命。其实，讲礼貌就像我们佩戴的首饰一样，应该随身携带不忘运用，它不仅美观，而且对我们的生活非常有益。

第八章　懂得感恩，知珍惜，善回报

怀有一颗感恩的心，去对待你周围的人。感恩鼓励你的人，是他们让你充满信心；感恩帮助你的人，是他们给了你希望；感恩嘲笑你的人，是他们激发了你的斗志……学会感恩，让我们的胸怀更宽广，让我们的心中充满爱。

意外来客：富有因为感恩

拥有诸多高贵头衔的安东尼·罗宾，出生在一个极度贫穷的家庭里。在安东尼·罗宾幼年时期，就连感恩节那天都无法吃上火鸡，然而这些并没有让他怨恨社会，反而因为一件事让他学会了感恩。

这是一个感恩节的早晨，小安东尼·罗宾早早起了床，因为他希望今天能吃到美味的火鸡，然而这正是让他父母发愁的事。因为家境贫穷，除了过节有可能吃到肉，平时连想都不敢想，不幸的是今天依然没钱买肉，这使安东尼·罗宾的父母比平时起得晚了很多，因为他们不想看到孩子失望的眼神。安东尼·罗宾的父亲曾经想过去慈善机构申请，或许能得到一只火鸡，然而他经过长久的思想斗争后，终究放不下脸面去求别人施舍，为此妻子还与他大吵了一架。这时，突然一阵清脆的敲门声打断了他们的思绪，安东尼·罗宾急忙跑去开门，而他的父母唯恐是乞丐来要饭，因为已经没有多余的食物可以施舍给别人，所以他们没有出门。安东尼·

罗宾打开门后，看到一位年轻帅气的先生正向他微笑。于是，他礼貌地问："先生，请问您找谁？"来客说："孩子，你的父母不在家吗？"安东尼·罗宾兴奋地向父母房间喊道："爸爸妈妈，有人来了，你们快出来啊！"父母无奈地走了出来。当他们看到来客穿着体面、面带微笑地向他们问好时，这才松了口气。父亲问："先生，您找我们有什么事情吗？"来客说："我是来为你们送吃的，希望你们能愉快地度过感恩节。"说完，来客便从身后拿出了很多食物。父亲见状，不好意思地说："这怎么可以，我们非亲非故怎么能要您的东西呢？"来客说："请你们不要推辞，我只是替人送东西，委托人让我告诉你们，这个世界上还有人在关心和爱护着你们。"那人说完便离开了。这时，小安东尼·罗宾高兴地跳了起来，他从来没吃过这么多好吃的食物，还没经父母同意，他就已经开始吃了。看到孩子这么高兴，父母也不忍心训斥他。

从那天起，安东尼·罗宾立志也要做一个能为别人送去欢乐的人，虽然他一直到二十岁，还住在十多平米的小房子里，但每当过节他都会花很多钱去购买食物，然后亲自把东西送给那些穷苦人。每当有人想要拒绝他时，安东尼·罗宾就会说："我只是帮忙送东西的，请一定要收下。"临走前，他还会把一张贺卡送给对方，上面写着："请你们记住，在这个世界上还有人关心着你们，一定要努力让自己幸福。如果真的想感谢我，那就请尽可能地去帮助其他人吧！"

成功课堂

感恩让人变得富有，知足让人变得快乐。然而，很多人并未认识到这一点，欲望让他们迷失了自我。青年朋友们，生活中值得我们去感恩的人或事很多，请细心感受和观察。学会感恩，我们将更加幸福。

感谢信：感恩让人重新振作

丹尼斯前不久刚搬来这个小区，对于这里的人和物都不熟悉，所以每当吃完晚饭，他就会到小区里散步，有时还会与他人攀谈一会儿。

在小区里，一个坐在轮椅上的小女孩引起了丹尼斯的注意，他发现小女孩总是在花园里认真地写着什么。这天，丹尼斯再次经过小女孩的身边，发现她正对着面前的小本子发笑。于是，丹尼斯礼貌地对女孩说："小姑娘，能让我分享一下你的快乐吗？"这时，小姑娘抬起头，天真地看着丹尼斯说："当然可以。"随即，女孩便把小本子递给了他。丹尼斯见女孩本子上写的像是日记，但又像是流水账。丹尼斯不解地问："孩子，你这写的是什么啊？"女孩笑着说："是感谢信，但都不能寄出去，因为我没有地址。"丹尼斯更加迷茫了，他不解地问："你为什么要写感谢信？"女孩说："我是残疾人，出门之后总会得到许多人的帮助，我为了报答那些好心人，所以要写感谢信，等我长大后要把它们整理成书，让所有帮助过我的人都能收到。"

小女孩的话让丹尼斯很震撼，他没想到小小年纪的孩子竟懂得感恩，而且她会把所有点滴的恩惠全部记下来。也许对于正常人来说，那些恩惠只是举手之劳，但她却铭记在心。

成功课堂

我们身边有一些残疾人，总是一味地向社会索取，他们认为自己的缺失是最好的资本，正常人就应该无条件地为自己付出。可是，正常人也会有不如意的时候，如果我们总是沉浸在自己的悲惨遭遇中，就会对社会上的人或事感到不满，觉得

上帝对自己很不公平，从而消极地度过一生。如果学会感恩，就会觉得生活其实很美好，虽然有些不如意，但他人的关心和帮助会让我们重新振作起来，因此生活依然充满欢乐。

一台冰箱：为曾经拥有而感激

在第二次世界大战期间，科迪家里没有冰箱，因此剩下的饭菜该怎么处理，成了他们家最大的难题。

就在这时，科迪父亲的朋友迪恩要去当兵，他的妻子也要一同前往。所以，迪恩就委托科迪的父亲帮他们保管家具，令科迪一家高兴的是，迪恩同意他们使用那台冰箱，迪恩说：“多用用也好，总闲置着，冰箱反倒更容易坏。”

从此，科迪一家再也不用为那些剩下的饭菜发愁了。就这样，六年过去了，科迪一家对那台冰箱已经产生了深厚的感情。

战争结束后，迪恩和妻子回来了。这时，科迪已经忘记，这台冰箱是属于迪恩夫妇的。当迪恩来取冰箱的时候，科迪很生气，在一边不停地抱怨。

科迪的母亲对他说：“亲爱的科迪，你要知道，这台冰箱原本就不是我们的，能用这么久，完全是因为我们运气好。所以，你不要生气，我们现在要做的，应该是感激。”

成功课堂

原本就不属于我们的东西，我们拥有了那么久，为什么不感恩，反而还要抱怨呢？感恩可以让我们变得平和，变得更加懂得珍惜生活。

老师的手：感恩你的老师

有一位名叫朵拉的小学老师让学生们画一幅画，内容是他们所感激的东西。朵拉心想，这些孩子心里所感激的东西肯定不多，她猜应该是桌上的火鸡或其他零食。但当朵拉把这些画收上来的时候，却被戴维娜的画所吸引。因为，这个小女孩并没有画食物，而是画了一双手。

朵拉问戴维娜："这是谁的手？"这时，全班同学都走了过来，抢着看戴维娜的画。

其中一个小男孩说："我猜，这是上帝的手，因为上帝的手能赐予我们食物。"

另一个小女孩说："这是花匠的手。"

朵拉说："请大家静一静。戴维娜，你能告诉老师，这是谁的手吗？"

戴维娜怯怯地说："朵拉老师，我画的是您的手。"

朵拉不解地问："为什么要画我的手呢？"

戴维娜说："因为课间的时候，您总是用手牵着我们散步，就像妈妈一样，所以您的手对我们来说有着特殊的意义。"

朵拉老师被戴维娜的话感动了，此刻她觉得做老师真幸福。

成功课堂

我们都有老师，而且不止一位，我们的成长中有着他们无微不至的关怀。那么，我们是否感恩过那些曾经教导过我们的老师呢？请不要犹豫，一封感谢的信、一句关心的问候、一个简单的贺卡，都能表达我们感恩的心。

一包硬币：不放弃感恩之心

凯勒在一家社会福利机构工作，这天她接到任务，去一户人家做调查。按照地址她找了很久，才在一个破旧的小区里找到这户人家。

凯勒敲了半天门，才有一个女人出来开门。这女人把凯勒吓了一跳，因为她的脸已经变形，看得出是被火烧伤的。

凯勒很快平复了心情，随着女人走进房间。这间屋子特别小，大概只有五平方米，因为里面堆放着杂物，所以阳光被遮住了，屋子里一片漆黑。

那个女人对凯勒说："我六岁那年，家里发生了火灾，只有我和父亲两人侥幸逃生，其他亲人全部遇难。此后，我父亲就一蹶不振，每天在外面喝得酩酊大醉，回来后还要打我。直到我长大后，嫁给一位盲人才看到一丝光亮，而且我还有了一个双目失明但很可爱的儿子。可是，生活总是不断地考验我，这样的幸福日子转瞬即逝，我的丈夫不久前去世了。"

命运之神就是这么爱和她开玩笑，她在走投无路之际，只好靠乞讨生活。

凯勒心想：她真是个苦命的女人。整个叙述过程中，凯勒面前的这个女人一直泣不成声。于是，凯勒开始安慰她，并且告诉她，让她再争取一下政府的救助金。说完这些后，凯勒就准备起身离开。这时，女人忽然叫住她，然后从抽屉里取出一包东西递给凯勒。凯勒打开一看很惊讶，居然是一包硬币。女人对凯勒说："在开始乞讨生涯之前，我对自己说，如果能讨到面值十美元的，我就把它用于生活；面值是五美元的，我就把它攒下来，用来医治儿子的眼睛；如果我讨到面值是一美元的，我就把它捐给比我更需要帮助的人，现在我只攒下来这些，我想委托您，帮我捐出去。"

凯勒实在不忍心收下这些钱，女人却说："只有您收下这些钱，我的灵魂才能安息。”无奈之下，凯勒只得接过那包沉甸甸的硬币和那颗沉甸甸的感恩之心。

成功课堂

任何财富都比不上这包沉甸甸的硬币，每一枚硬币都闪着金色的光芒，它代表着人性的光辉。苦命的女人在自己极度贫困的情况下，也没有忘记感恩，这是多么伟大的行为啊！

亚伯的梦想：感恩现有的生活

曾经，有位英俊的少年名叫亚伯，性格开朗的他很喜欢结交朋友，也像其他男孩一样喜欢汽车、音乐和足球。一天，亚伯来到一片大森林里，突然前方发出耀眼的光芒，在好奇心的驱使下，他走向发光处，意外地发现一位白胡子老人。亚伯天真地说：“老爷爷，您是这里的神仙吗？”老人笑着说：“如果你希望我是，那我就是。”亚伯兴奋地问：“难道说，只要是我希望的，都能变成现实吗？”老人说：“如果你愿意告诉我，也许我能帮你实现。”于是，亚伯眨着大眼睛，用心地向老人诉说着自己想要的未来。他说：“我想要住在令人羡慕的大房子里，还要拥有一座美丽的花园。我的妻子不仅温柔贤惠，还要有一头美丽的长发，乌黑有神的眼睛，既会唱歌又会跳舞。因为我喜欢踢足球，所以必须还要有三位好朋友，能随时陪我去踢球。长大后，我一定要成为科学家、冒险家和慈善家，然后开着高档的保时捷周游世界。”老人捋了捋胡子说：“希望你的梦想能够成真，我的孩子，祝你好运！”说完，光亮消失了。亚伯发现老人不见了，他焦急地喊着：“您不是说要帮我实现梦想吗？为什么消失了？”然而，无论亚伯怎么喊，却只能听到自己的回声。他失望地跑回家，把这件事告诉了母亲。母亲慈爱地说：“我的孩子，你一定是在做梦，梦想只有通过自己的努力才能实现。”因为没有人相信亚伯的话，他渐渐把这件事忘记了。

亚伯长大后，虽然没有成为科学家，但他是一位成功的商人，他没能娶到能歌善舞的妻子，可是他的妻子很会做家务，把亚伯的生活打理得井井有条，她也很会做饭，因此亚伯一直很健康。工作繁忙的亚伯，根本没时间环游世界，所以他并没有购买高档的保时捷，也没有时间同朋友们踢球。亚伯的妻子为他生了两个非常可爱的孩子，然而亚伯并不满足于现状，他依然想实现自己儿时的梦想。就这样，长期的抑郁使强壮的亚伯住进了医院。一天夜里，半梦半醒的亚伯又看见那位白胡子老人，他依然向亚伯微笑着，亚伯不满地问：“您不是答应我，帮我实现梦想吗？”老人说：“难道你对现在的生活不满意吗？”亚伯说：“是的，这并不是我想要的未来啊！”老人说：“那是因为我还没有得到我想要的东西。”亚伯不解地说：“您想要什么，我可以用它来和您交换。”老人说：“我只想要你快乐。”这时，亚伯突然惊醒，原来是护士在为他打针。护士走后，病房里又重新安静下来，亚伯回想刚才那个真实的梦，慢慢地他便又进入了梦乡。

第二天，家人和护士发现亚伯开朗了许多，没几天他就康复出院了。从此，亚伯变得热爱生活，经常挤出时间陪妻儿出去游玩，并且渐渐地有了幸福感，他认为现在的生活也很不错。此时，亚伯正幸福地和家人吃着晚饭，曾经的梦想变成了他美好的回忆。

成功课堂

梦想一定是美好的，它是我们努力的目标，然而过分地追随梦想，只能让我们疲惫不堪，甚至是对生活失去信心。适当的满足，会让我们学会感恩，从而体会到幸福，并且能获得更多的快乐。

上帝的问卷：知足者常乐

一天，上帝忽然心血来潮地想：如果我现在给每个生物一次转世投胎的机会，他们会怎么选择呢？于是，上帝给世界上所有的生物都发了一张问卷，让大家填写。

问卷收回后，大家的答案让上帝大跌眼镜。

猫的答案：假如给我一次转世投胎的机会，我要做一只老鼠，这样我偷吃主人养的金鱼后，就不会挨打。因为老鼠可以翻箱倒柜，大吃大喝，而主人对它只能默许别无他法。

老鼠的答案：假如可以再生，我想做一只猫。因为猫从出生到死都有主人养着，有时候还可以捕些鱼虾当饭，多自在啊！

猪的答案：如果可以再投一次胎，我要当一头牛，虽然活得苦点，但是名声好啊！我们猪是傻瓜的形象代言人，甚至有时骂人都说“笨的像头猪”，所以我一定要当一头牛。

牛的答案：如果能自由选择，我想做一头猪。牛吃的是草，挤的是奶，还要干力气活，谁夸过我？做猪多快活，吃饱了就睡，睡醒了再吃，太多享受了。

老鹰的答案：如果可以投胎，我想做一只小鸡，渴了有水喝，饿了有米吃，还有房子住，并且有人做保镖。而我们老鹰，一年四季只能漂泊在外，不仅要忍受风吹日晒的痛苦，还要提防猎人的子弹，活得太不容易了。

鸡的答案：假如能再拥有一次机会，我想做一只鹰，这样就可以在天空中自由自在地翱翔了。现在的我每天活得提心吊胆，总怕被凶残的主人宰了吃肉。

人类的回答最有意思，男人们写的是：假如可以再投一次胎，我要做一个女人，这样就可以上电视、拍广告，当一个摩登女郎，只要我一个眼神，就可以让那些大款们俯首称臣。所以说，还是做女人好。

女人的答案是：假如能再投一次胎，我一定要做个男人，这样就可以去舞厅跳舞、去酒吧喝酒，不用洗衣做饭、照顾孩子，还可以大男子主义，多潇洒。

上帝看完这些问卷后十分生气，当即把所有问卷撕得粉碎，大声吼道："一切照旧！"

成功课堂

"自己所拥有的，永远没有别人的好。"这是许多人都有的心理。我们总是渴望得到别人的东西，而忽略了自己所拥有的一切。要想做一个快乐的人，就必须学会珍惜、感恩，因为知足者常乐。

小气鬼杰西：给予的快乐

杰西是出了名的小气鬼，认识他的人都这样称呼他，然而他并不觉得小气有什么不好。随着时间的流逝，杰西慢慢长大了，朋友却越来越少。

这天，杰西的表姐露西来找他玩，看到他正在发呆，便问："弟弟，你为什么在这里发呆啊？"

杰西忧伤地说："我在看他们玩。"

这时，露西看到窗外有群男生正在踢球，她便对杰西说："那你就下去和他们一起玩啊！"

杰西说："大家都说我是小气鬼，不愿意和我玩。"

"他们为什么这样说你？"

杰西难过地说："他们总想玩我的玩具，可那些玩具都很贵，我怕被他们弄坏了，所以从不借给他们玩。前两天，我拿着一只新足球在外面玩，他们看到后就和我抢，随后我就和他们吵起来，所以现在他们不愿意带我玩。”

“既然他们想玩你的足球，你又想踢球，为什么不愿意给他们玩呢？”

杰西说：“这么多人一起玩，很容易弄坏的。”

“球不就是用来玩的吗？而且，大家一起玩才高兴啊！你看，你现在既不能玩球，也不快乐。而他们既高兴又能踢球，你说谁更划算呢？”

杰西听后，若有所思地看着新足球发呆。几分钟后，杰西便拿着足球出去了，随后他便加入了男生的队伍，高兴地踢起来。

从此，杰西一有好东西就会拿去和大家分享，朋友也因此多了起来，再也没有人叫他小气鬼了。

成功课堂

不会与人分享，只能让我们失去朋友，然而没有朋友的生活既乏味又寂寞。其实，给予比接受更快乐，当别人因为我们而感到快乐时，我们还会因此有种成就感。

失踪之谜：做一个生活强者

曾经有过短暂辉煌的服装设计师艾德文，在他事业的巅峰时期突然消失，很多业内人士都为此感到惋惜，有人说他投资失败破产了，又有人说他因为赌博被债主追杀，然而事实并非如此。

出生在上世纪 70 年代的艾德文，从小就很喜欢看时装秀，因此成为顶尖设计师是他最大的梦想。艾德文的父亲从事服装出口贸易，母亲曾是优秀的模特，结婚后便创办了自己的模特公司，在如此优越的环境下，艾德文顺利考进服装设计学院，多年后他以优异的成绩，被当地知名服装公司聘用。不到一年的时间，艾德文就拥有了自己的品牌服装店，他成了人们眼中的幸运儿。可是好景不长，在一个风雨交加的夜晚，艾德文全家突然消失了。就在人们快要将艾德文忘记时，他又带着自己的作品回来了，由此引来许多媒体的争相报道。为了满足人们的好奇心，艾德文举办了一场大型的记者会，用一天的时间来回答所有疑问。会议的前半场气氛很愉悦，艾德文总是面带微笑地向大家述说着自己的未来计划，其余时间就是听众向他讨教设计方面的技能和诀窍。突然，会场一片寂静，只因一位记者问："艾德文先生，您能解释一下，为什么要突然消失吗？"艾德文深吸一口气说："这个问题是这场会议的核心，现在是时候给大家一个合理的解释了。"接着，艾德文表情严肃地说："一年前，我母亲被查出胃癌晚期，当时家人情绪都很不稳定，然而我的事业刚刚有了起色，所以没有太多时间去陪伴母亲。不想，三个月后我父亲破产了，母亲因为着急病情恶化提前离开了人世。当我正在为母亲办理后事，并帮父亲还贷款时，我的妻子因车祸抢救无效去世了，留下刚满两岁的孩子和我。种种灾难扑面而来，让我对生活失去了希望，最后我选择了逃避。"说到这里，艾德文已经泪流满面，再次回忆往事他的心依然很痛。等艾德文的情绪平复后，才又说："就在上个月，四岁的儿子突然对我说，'爸爸，我爱你，你是我的偶像！'是他的话让我重新振作起来，才有了现在的我。虽然，我已经失去了此生最重要的两位女士，可是我还有父亲和儿子，他们依然爱着我，所以我还是要感谢上帝，继续以积极的心态生活下去。为了得到儿子永远的崇拜，我决定重返服装界，努力成就一番事业！"

艾德文话音刚落，会场便爆发出热烈的掌声。

成功课堂

我们不要因为灾难而自暴自弃，也不要因为小小的成功而目中无人。青年朋友们，当我们学会感恩、懂得知足、变得坚强时，全世界都会为我们鼓掌，因为这时我们不论是否事业有成，都已经成为了生活的强者。

只有五天：用心过好每一天

上帝在散步时发现，有一个年轻小伙子正借酒浇愁，他喝了一大口酒后，开始疯言疯语地说："活着真累，母亲没完没了地唠叨，社会上又有无休止的暗算，每天还要像头牛一样辛勤劳作，在家为人子，在外还得给别人当孙子，到时候还要为人夫，为人父。累啊！"

说完，小伙子一仰脖，把酒一饮而尽。接着，他又说："我真是活够了，这些年，我爱过、哭过、恨过、笑过，五星级饭店我也去过，保龄球、高尔夫我也玩过，人生不过如此，还是早点结束吧！"

这时，上帝轻轻地走到年轻人的身边，说："年轻人别着急，你已经快走到尽头了，现在赶紧回家吧。"

这时，小伙子一愣，抬头问："你是谁，这话什么意思？"

上帝回答说："实话告诉你，我就是上帝，你的日子不多了，也许还能再活五天，赶紧回去让家人给你准备后事吧。"

上帝的话音刚落，年轻人就觉得一阵眩晕，差点跌倒。小伙子昏昏沉沉地走回家，一下子躺在沙发上，并把刚刚的遭遇告诉了母亲。母亲说："我现在马上带你去医院，检查一下。"小伙子说："您别忙了，我只能活五天，再去医院折腾一天，就更没时间干别的事了。"任凭父母怎么劝说，小伙子始终不肯去医院诊治。

小伙子的不适感渐渐蔓延到了全身，他瞪着眼睛看着天花板，心想：生命真的太脆弱了，我的身体怎么说不行就不行了呢？现在只有五天的时间了，真希望可以再多活些日子，哪怕就几天也好，我还有很多事没处理完呢！

年迈的母亲坐在儿子身边，轻声说：“我苦命的儿子，你想吃点什么？妈妈给你做。”

小伙子拉着母亲的手，难过地说：“妈妈，我以前太不懂事了，没少给您惹事，现在又让您这白发人送黑发人。您放心，如果有来生，我一定还做您儿子。到那时我要亲手给您做一顿饭，我现在觉得只要是您做的饭，都好吃。”

父亲默默地站在一旁说：“儿子，爸爸的脾气不好，你小的时候没少挨打，千万不要怨爸爸，我也是为你好。”

小伙子微笑着说：“爸，我知道您是为我好，小时候我的确是太淘气了，确实该打。”

就这样，小伙子和家人在美好的回忆中度过了四天。第五天清晨，小伙子感到从窗外吹进来一阵风，就对母亲说：“妈，我想去外面吹吹风。”

小伙子坐在公园的长椅上，吹着春风，晒着太阳，看着花坛里的鲜花，有两只蜜蜂正在那里嬉戏，空中偶尔有几只鸟儿飞过。小伙子收回了观望的目光，垂下头轻叹道：“唉，原来这世界这么美好，如此让人留恋，我之前怎么就没发现呢？现在一切都晚了，我马上就要离开这个美丽的世界，之前的我总是觉得时间过得太慢。可是，在我生命的最后五天，竟过得如此之快。”想着想着，年轻人情不自禁地流下了伤心的泪水。就在泪珠滑落在地上的那一刻，小伙子感到身上那种不舒服的感觉消失了，取而代之的是轻松和欣喜。他猛地从长椅上站起来，面朝太阳张开双臂，大声喊道：“我的病好了，我死不了了！哈哈……活着的感觉真好！”

这时，天空传来上帝的声音：“年轻人，好好活着吧，记住要认真过好每一天。”

成功课堂

不去追忆过去的荣耀，也不悔恨过去的失败，更不能盲目憧憬未来、活在幻想中，而是应该脚踏实地地好好把握今天，珍惜现在。

那一眼：爱在不经意间

埃尔特是一个调皮的男孩。一天，他在公园玩耍时被尖利的石头划伤，同行的几个同学把他送到医院进行包扎，然后又一起把他送回了家。

在离家不远的街上，埃尔特遇见了父亲，于是他一边跷着受伤的脚给父亲看，一边哭丧着脸诉苦，满以为这样可以收获一点同情或怜爱。可没想到父亲并没安慰埃尔特，而是简单嘱咐了几句，就独自离开了。

埃尔特非常伤心，他觉得父亲一点也不爱他，在他大发牢骚的时候，有几个同学劝他说：“你别生气了，父爱就是这样，其实你爸特别爱你，只是不善于表达而已。咱们打个赌，一会儿你爸走进院子的时候，他一定会转头看你。”埃尔特半信半疑，其他几位同学也很感兴趣，于是他们停住了脚步，远远地望着埃尔特父亲前行的背影。

埃尔特的父亲一步一步地向前走着，并没有要回头的趋势，可是当他快要走进院子时，突然不经意地转了一下头，看了埃尔特一眼。

虽然父亲只是回头看了一眼，但他的动作却打动了在场所有的人，埃尔特的眼里泛起了泪光。这让埃尔特明白，仅仅是这么个不经意的小动作，就能代表如山的父爱。

成功课堂

有时候，我们总是嫌父母唠叨，为此大发牢骚，甚至理所当然地忽视了那些点点滴滴的细节之爱。其实，这些爱只是不容易被发现，也许当我们为人父母时，才能真正体会到它的伟大。

杰瑞卖房：爱心无价

在美国的佛罗里达州，住着一位名叫杰瑞的老人，他已经六十五岁了，无儿无女，而且还体弱多病，于是他决定去养老院养老。当杰瑞决定出售他漂亮的住宅时，许多购买者蜂拥而至，房子的底价是十五万美元，但因为抢购的人太多，房价很快就被炒到了二十万美元，而且价钱还在不断看涨。然而，坐在沙发上的杰瑞心情并不好，如果不是身体状况不允许，肯定不会卖掉这栋陪伴自己三十多年的老房子。

叮铃，叮铃。门铃突然响起，杰瑞打开门一看，是位衣着朴素的年轻人，他对杰瑞说："老先生，我很想买下您这栋房子，但我只有两万美元。如果您能把房子卖给我，您依然可以生活在这里，我每天都能陪您一起散步、喝茶，请您相信我。"

杰瑞欣然答应了，以两万美元的价钱把房子卖给了面前这位年轻人。

成功课堂

房子有价，爱心无价。虽然杰瑞以两万美元的低价把房子卖了，但他并不会因此而感到失落，钱财是身外物，而且再多的钱也有花光的时候，爱心却是无价的。

守墓人：生命的价值

班杰森是一个守墓人，最近三年发生了一件奇怪的事：每隔一个星期就会收到一封老妇人寄来的信，信中还会夹着相同数量的钞票，她请求班杰森给一个名叫贝拉的女孩的墓前放上一束百合花。

有一天，班杰森和这位老妇人见面了。那天，一辆豪华轿车驶入陵园，司机跑到班杰森面前说：“请您过去一下，我家夫人在车上，因为生病行动不便。”

班杰森看见一位年纪很大的妇人坐在车上，虽然拥有高贵的气质，但眼神中却流露出哀伤，她怀里还抱着一大束百合花。

“您好！我就是总给您写信寄钱，让您帮忙买花的人。”

“夫人，这些年我一直都没忘记。”

“医生说我活不了几个月了，其实死了也好，反正活着也没意思，我只想最后再看一眼我的女儿，给她送一束鲜花。”

班杰森苦笑了一声说：“夫人，这些年您总寄钱让我买花，我总觉得很可惜。”

“可惜？”

“您看，这些鲜花放在墓前，没几天就枯萎了，又没人来观赏，实在太可惜了。”

“你真的这样想吗？”

“是的，夫人，请您不要见怪。实话和您说，我经常去孤儿院看

望孤儿，他们都很喜欢花。他们都是活着的人，可是您说，这墓地里哪有活人啊？”

老妇人看了一眼班杰森，没有说话，坐了一会儿就走了。这时，班杰森很后悔，怪自己说话太直接。

半年后，这位老妇人突然又来了，这可把守墓人吓了一跳，因为老妇人是自己开车来的。

老妇人走下车，微笑着对班杰森说：“你说的对，我把花送给那些孤儿，他们可高兴了，看到他们这么高兴，我也变得开心起来。现在我的病好了，连医生都觉得不可思议，只有我自己知道，这是因为我又重新找到了自己的价值。”

成功课堂

送人玫瑰，手留余香。帮助别人的同时，自己也会得到快乐。所以，我们应该尽可能给别人多一些帮助，这样不仅能使我们感到生命的价值，而且还会使我们身心愉悦。

矿工的秘密：金灿灿的爱

在一次井下作业中，矿井塌方了，一名矿工不幸遇难。这名矿工是个临时工，矿上只发了一些丧葬费，就不再过问矿工妻儿的生活。

刚从丧夫之痛中走出来的妻子，不得不面对生活上的巨大压力。没有一技之长的女人，只能准备收拾行囊回到自己的老家，那个闭塞又落后的小山村。

这时，那个矿工的队长告诉女人，矿工们都不爱吃矿上食堂做的早饭，如果她可以摆摊卖早点，做些小本生意，还是可以维持生计的。女人一想，这是个不错的办法，便决定采纳这个建议。

三天后的早晨，女人推着三轮车在矿场旁边摆了一个馄饨摊，价钱是一块钱一碗。开张的第一天就有十五个人来吃，随着时间的推移，来吃馄饨的人越来越多，最多能有三十多人，就是少也从来没少过十五个人，无论刮风下雨从不间断。时间久了，许多矿工的妻子发现自己丈夫有一个习惯，下井之前一定要吃上一碗馄饨。妻子们百般猜疑，有的甚至用跟踪丈夫的方法去找寻答案，但始终一无所获。

直到有一天，队长在一次刨煤中被哑炮炸成重伤。弥留之际，队长对妻子说："我死了之后，你一定要替我每天去吃一碗馄饨，这是我们队十五个兄弟的约定，队友死了他的老婆孩子我们不能不帮。"

从那以后，每天早上在吃馄饨的人群里，又多了一个女人的身影。时光飞逝，周围的一切都变了，唯有那每天来吃馄饨的十五个人不变。这些年，矿工的儿子早已长大成人，而他那饱受苦难的母亲，却依然摆着馄饨摊。最重要的是，前来吃馄饨的人，大多是年轻的替换了年老的，女人替换了男人，但是从没有少过十五个人。

现在，那十五颗金灿灿的爱心，已经穿透了几十年的岁月沧桑。

成功课堂

无论时间长短，爱心永远都可以发出金灿灿的光芒。就像著名作家左拉所说，"爱不会老，它拥有永恒的火焰与不灭的光辉，世界的存在就以它为养料"。所以，我们每个人不妨都贡献一些爱，让这金色的光芒越来越亮。

古老传说：美丽的信任

在埃及有一个古老传说，曾经有位年轻人无意间冒犯了神圣的法老，因此他们全家都受到了最恶毒的诅咒，年轻人也因此被判死刑。

可是这位年轻人非常挂念家中的老母亲，他请求法老让他回家见母亲最后一面。法老被他的孝心所感动，就对他说：“如果能找人替你坐牢，并在五天内返回，我就放你回去。但如果五天后你还没回来，替你坐牢的人会因此而失去生命。”年轻人说：“可以，您把这个消息发布出去吧，如果有人肯替我坐五天的牢，我就一定能赶回来。”随后，这条消息被公之于众，然而大多数人都不愿意替年轻人坐牢，只有西瓦相信他会回来。就这样，年轻人如愿返回家中，所有人都在等待第五天的到来。可是，还有一小时西瓦就会被砍头了，年轻人却还没出现。此时刑场上议论纷纷，都在咒骂这个不讲信用的年轻人，也有人说西瓦傻，不应该相信别人，有谁会从牢里逃脱了又跑回来呢？渐渐地，天空下起了小雨，好像老天都在为西瓦哭泣。就在大家都认为西瓦生存无望时，突然那位年轻人骑着快马向这里奔来，在场所有人都为之欢呼雀跃，西瓦也露出了灿烂的微笑。

很快，这个消息传到了法老的耳朵里，他难以置信地来到刑场，看到年轻人后立刻给西瓦松绑，又因为年轻人的孝心和诚信，法老决定免除他的死刑和一切诅咒。

成功课堂

孝心和信任让年轻人获得了回家的特权，他又因为别人对自己的信任，在最后关头跑回来送死，最终因为信任和诚信两人都被免除死刑。我们可以把信任看做是一棵长在心里、被生命的绿意滋润着的常青树，它会让心与心之间不再有距离，让我们的社会更有人情味，让我们的心更温暖。

愚钝的儿子：关爱体现价值

这天，四位普通的农家妇女正辛勤地在农田里耕种，为了缓解疲劳，她们各自夸赞起自己的孩子。

其中，嗓门最大的妇女说：“我家的女儿，嗓子特别好，经常代表学校参加歌唱比赛，而且每次都是一等奖。”这时，那位很胖的妇女不高兴了，说：“会唱歌有什么了不起，我儿子才叫棒呢，农忙时几百斤的麦子他扛起来就走，为我们省了不少事。”接着，第三位妇女说：“有力气也不能当饭吃啊！我家孩子学习特别好，年年都是班里第一名，以后肯定能考上大学，这样他就能挣很多钱，我们从此也就不愁吃穿了。”三位妇女说完后，发现另一名妇女一直在笑，但始终没说话。她们便问：“你为什么不说话？你的孩子怎么样？”这位妇女谦虚地说：“我的孩子生性愚钝，没有什么特别的。”

傍晚时分，大家都收拾好东西往家走。路上，他们遇见了会唱歌的女孩，她的母亲骄傲地说：“你们瞧，我女儿的歌声多么洪亮。”这时，又走来一位胖小伙，那位很胖的妇女美滋滋地说：“看，我家的大力士来了！”接着，一个戴着眼镜、背着大书包的孩子也过来了，第三位妇女欢快地说：“我家大学生回来了！”谁都没有看到紧随其后的一个小男孩，他面带微笑地朝第四位妇女走来，并对她说：“妈，累了吧，东西还是我扛着吧。”说完，男孩便把妇女肩上的农具扛了过来，扶着母亲回家去了。

这时，街道旁的一位老人说：“这才是真正的好孩子啊！”听了这话，其他三位妇女都羞愧地低下了头。

成功课堂

美不在于外表，也不在于才能，而在于一颗真诚、善良、体贴的心。再平凡的人，只要拥有美好的心灵，无论在哪里都会发出闪耀的光芒。

卖不出的小猪：最美的报酬

伊莉莎十八岁的女儿佩里得了绝症，这几个月她一直在医院接受治疗。

一天，伊莉莎告诉佩里，德克萨斯州正在举办一场小型动物拍卖会。佩里对外面的世界很向往，连夜坐火车赶到了德克萨斯。佩里从小养了一只猪，因为治病花了太多的钱，所以她想借此机会把猪卖了。和小猪分开时，佩里有些犹豫不决，但小猪每磅价钱只有五美元，而拍卖会的价钱要比这个高出很多，她一狠心就把小猪拉上了台。拍卖人凯尔文说："拍卖前，我想要大家知道，这头小猪的主人佩里，目前的身体状况不太乐观，很需要钱来治病。"

凯尔文希望通过这样的介绍，能让佩里把竞拍的价格抬高。但凯尔文没想到，他的这句话引发了意想不到的效果。这头小猪以一磅三十美元的价格卖出后，事情并没有结束，买者付钱后决定把这只小猪捐回，让它再拍一次。接下来的竞拍依然如此，很多人都将小猪拍下来后再捐回去。这样一来，所得金额越来越多。

那场拍卖会，佩里的小猪一共被卖出五十次，而且最后一位好心的买者又将小猪捐了回来。佩里一共得到了五万美元，这正好可以支付她的医疗费，此外她依旧还拥有着那头小猪。

成功课堂

诚心帮助别人的同时，我们也收获了快乐，这就是最美丽的报酬。如果我们有能力，那就应该去帮助更多的人，这样就会收获更多快乐。

一件新衣服：爱相辅相成

在某个不知名的街上，住着一对贫穷的夫妇，丈夫保罗以做苦力来勉强养家，妻子艾美在做完家务后也会找些零工做，为的是尽可能让家人过得更好些。尽管夫妻两人生活很拮据，但他们依然相敬如宾，十分恩爱。

寒冷的冬天，夜晚来得格外早，艾美为了省电便把晚饭提前了，这样吃饭时就不用点灯，晚饭后他们还可以坐在漆黑的屋子里赏月。突然，一阵敲门声打破了来之不易的悠闲和浪漫。艾美打开门，看见一位瑟瑟发抖的老人提着一个菜篮子站在门口，他僵硬地说："夫人，您需要新鲜的蔬菜吗？"老人虽然看到了艾美带着补丁的外套，但依然用期盼的眼神看着她。善良的艾美没有让老人失望，她痛快地取出两美元，对老人说："我需要一些萝卜，再来几个土豆，洋葱好像也很新鲜，就再加一个它吧。"老人取过两美元，高兴地说："谢谢您，好心的夫人，上帝一定会保佑你们全家。"看着老人离开后，艾美关上门对丈夫说："街对面又搬来一位卖菜的穷苦人，他大概已经六十多岁了，我们应该为他做点什么。"丈夫说："既然如此，我们就用这些蔬菜为他做些热汤吧。"艾美同意了保罗的意见，为了让汤凉得慢一些，她特意用棉布把汤碗包裹起来，快速地穿过街道，用力敲响了卖菜老人的门。趁老人还没明白过来时，艾美已经把汤倒进了老人的饭锅里，并嘱咐他尽快把汤喝掉，然后匆匆离开了。老人由于一时没能反应过来，所以忘了向艾美道谢，他激动地含着泪把汤全部喝光。就这样，两家很快熟悉起来，每当老人敲响艾美家门时，她不只是买菜还会送上热乎乎的鲜汤，这样一来老人既能赚到钱，又不会因为寒冷而生病。

不知不觉中圣诞节就要到了，艾美对保罗说："那位老人无依无靠，我们不如接他一起来过圣诞，我还想为他做一身新衣服。"得到丈夫同意后，艾美立刻把这个好消息告诉了老人。在节日的前

一天，她把一身新衣服放在了老人的家门口。第二天，老人应邀准时来到艾美家，但令她诧异的是，老人把新衣服又拿了回来，并高兴地对保罗说："谢谢你们的邀请，没带什么礼物，这不知是哪位好心人放在我家门口的，我岁数大了不用穿这么好的东西，还是给你穿吧。"这时，艾美拿出了一身相同的新衣服，为丈夫穿上。老人这才明白，原来这位好心人就是艾美。

成功课堂

如果不是艾美先主动关心老人，老人也许就不会把新衣服拿来给保罗穿，所以说爱是相辅相成的。只要我们每人都能付出一点爱，那么生活就会变得更美好。

第九章　正确观念，有思想，有内涵

一个人想要获得成功，必须拥有正确的观念。正如一位著名作家所说："一个人拥有正确的观念和态度，不一定能立即成功；但如果缺乏正确的观念和态度，即使一时幸运，终究会被打回原形，难逃失败。"

白龙马：明确目标是成功的前提

自从白龙马跟着唐三藏去西天取经回来，就被天下人所熟知，被人们誉为"天下第一马"，这使很多马都羡慕不已。于是，很多想要成功的马纷纷拜访白龙马，问他说："为什么您可以名满天下，而我们却一事无成？"

白龙马听后回答说："其实，我去取经的十八年里，大家也没闲着，有的甚至比我还累。我走一步，你们也走一步，只不过我有明确的目标，十万八千里我都走回来了，而你们却只在磨房里围着磨踏步而已。"

众马听后恍然大悟。

成功课堂

其实，我们人生的悲剧并不是无法实现自己的目标，而是不知道目标是什么。

成功往往不在于你身在何处，而在于你是朝着哪个方向前行。没有奋斗目标的人，永远不会取得成功。

愚蠢的耗子：不要盲目依靠他人

耗子溜进一个农夫家偷吃粮食，一不小心碰倒了放在一旁的小水缸，水缸破裂的声音惊醒了农夫。耗子见状惊慌失措，赶紧越过篱笆，逃之夭夭。农夫发现了它的行踪，拿着一根木棍追了出来。

眼看就要被农夫追上，慌不择路的耗子冲下悬崖。在坠落的时候，耗子拼命抓住一根荆棘，它的爪子瞬间就被荆棘刺伤，耗子本能地松开手，掉了下去。耗子愤怒地看了一眼荆棘说："我这么相信你，寻求你的帮助，没想到你竟然比农夫还坏。"

荆棘不甘示弱地反驳道："不是我坏，而是你太笨，你不知道依靠别人是没有保障的吗？在最危险的时候，你却来依靠我，真是愚蠢至极。"

成功课堂

病急切忌乱投医，因为人们在极度慌乱中往往容易仓促下决定，对不了解的人寄予厚望，过度求助别人而不依靠自己，结果往往令人痛心。

一个轻生者：时间就是财富

刚退休的王老师，还不习惯过清闲的生活，因此经常去附近的河边钓鱼，老伴也有自己的业余爱好，所以老俩口经常是各忙各的。

一个阳光明媚的早晨，王老师吃过早饭后，便悠闲地向河边走去。春季的早晨天气还有些凉，人们一般不会这么早来河边，所以现在很清静。突然，一阵哭泣声从不远处传来，热心的王老师闻声赶了过去，看到一位年轻人正站在河边哭泣。他关切地问："年轻人，为什么一早就在这里哭呢?"听到有人对自己说话，年轻人激动地说："你不要过来，不然我现在就跳下去。"王老师这才知道，这位年轻人想要自杀。他马上停止脚步不敢轻举妄动，温柔地说："孩子，不要激动。我是刚退休的大学教授，有什么不愉快可以和我说说。"年轻人伤心地说："和您说有什么用，事情已成定局无法挽回了，我还是死了的好。"王老师见此人心意已决，便以激将的方式说："好的，既然你已下定决心就跳吧，也许那些财富本就不属于你。"年轻人听后情绪稍稍稳定了一些，抽泣着说："您这是什么意思，什么财富？我已经穷得只剩一条命了，哪里有什么财富可言。"王老师说："是啊，你跳吧，我不拦你，再见!"这时，年轻人慌张地拦下王老师，说："您能把话说清楚些吗？我的财富到底在哪里?"王老师说："你的财富摸不到，也看不见，但从你出生它就一直跟随着你，如果你不珍惜它很快就会溜走，你的生命也会随之结束。"年轻人迷茫地看着王老师，不解地问："你怎么越说我越糊涂呢?"王老师说："你自己好好品味去吧，希望这些话能改变你的人生，祝你好运!"王老师说完，便转身离开了。

大概十分钟后，年轻人对着王老师的背影说："谢谢您！我的财富就是时间，我的路还很长，为什么要去死？我会快乐地活下去!"

成功课堂

年轻人的回答是正确的，时间就是我们最大的财富，只要学会珍惜和利用它，它就会让我们得到自己想要的一切。但时间也是我们最容易失去的，因此正确的人生观和价值观，可以帮助我们留住它，更好地利用它。

幸福在哪里：幸福就在身边

一位老师在课堂上为孩子们讲解了幸福的意义。杰森听后依旧迷惑不解，而且他认为自己一点也不幸福。下午回到家，杰森给父母留了张纸条，告诉他们自己去寻找幸福了。

刚走没多久，杰森看见一头大黄牛。黄牛问："小男孩，你这是去哪儿啊？"杰森说："我要去寻找幸福，你能给我点意见吗？"黄牛说："我小的时候也曾这样想过，主人每天给我送来新鲜的绿草和营养丰富的饲料，可我总觉得每天要干那么多又累又苦的活，因此认为自己很不幸福。可是现在我老了，虽然不愁吃，但人们认为我没有利用价值了都忽视我，现在的我很孤单很无聊，其实帮助别人也是件很快乐的事。"杰森听后，似懂非懂地与大黄牛道别，继续上路。

没走多远，杰森遇见一条眼镜蛇。眼镜蛇吐着芯子说："年轻人，你这是要去哪里？"杰森戒备地回答："我认为自己很不幸，所以想出来找幸福，你能告诉我怎样才能找到幸福吗？"眼镜蛇说："我不知道你的幸福在哪儿，但我的幸福已经失去了。曾经我以为自己很了不起，因为我拥有嘴里的剧毒，不论什么生物都会惧怕我。可是我错了，他们不是惧怕我，而是恨我，他们随时都想置我于死地，所以我的生活总是提心吊胆。你的嘴里也有'剧毒'，千万不要放纵自己，用恶毒的语言去攻击别人，不然你也会像我一样，与幸福擦肩而过。"杰森点了点头，又继续上路了。

一天后，杰森遇见了漂亮的孔雀，她优雅地问："孩子，你为什么如此疲惫？"杰森说："我已经出来一天一夜了，又饿又累，可是我的目的是要寻找幸福，你能告诉我怎样才能快速找到它吗？"孔雀笑着说："我的孩子，你的衣服已经破烂，你的脸又黑又脏，别人看到你一定会躲开，这样如何能找到幸福？你的首要任务就是，让自己的外表和心灵都变得干净美丽，这样幸福就会自动上门。”

杰森恍然大悟，高兴地向孔雀道谢后，便兴奋地向家跑去，因为他知道幸福其实就在身边，并不需要出来寻找。

成功课堂

事实确实如此，幸福就在我们身边，刻意追求某些可有可无的东西，会让我们失去幸福感。因此，我们要学会珍惜现在，当心灵变得纯净透彻时，我们的生活也会随之变得轻松快乐。

选西瓜的智慧：学会放弃

卡萨尔是个穷小子，但他不甘于贫穷。于是，卡萨尔来到镇上富翁拜尔特的家，向拜尔特请教致富之道。

拜尔特微笑着看了卡萨尔一眼，吩咐仆人拿来三块大小不一的西瓜放在卡萨尔面前，说：“如果每块西瓜代表一定程度的利益，你选哪块呢？”

卡萨尔不假思索地说：“我肯定会选最大的那一块。”

拜尔特笑着说：“那好，我们吃西瓜吧！”拜尔特把最大的那块西瓜递给了卡萨尔，而他自己却捧起最小的那块。

很快拜尔特就吃完了，然后拿起桌上最后一块西瓜，得意地在卡萨尔面前晃了一下，接着大口大口地吃了起来。

卡萨尔现在明白了拜尔特的意思，原来富翁拜尔特吃的西瓜虽小，但却比自己吃得快，如果每块西瓜都代表一定程度的利益，那么拜尔特所占的利益自然也就比自己多得多。

成功课堂

人不可能拥有天下所有的东西，学会放弃也是一种大智慧，就像老子所说，“将欲取之，必先与之”。明智的放弃，是为了更好地得到。

宓子贱的想法：学会看淡得失

宓子贱，名不齐，春秋时期鲁国人，儒家学派创始人孔子的得意门生。

一次，齐国大举向鲁国进攻，战火迅速向鲁国单父地区蔓延开来，而此时的宓子贱官居单父宰。当时正赶上麦收季节，麦子已经成熟，马上就要收割了，眼看到手的粮食就要被齐国人抢走，百姓们不甘心。于是，大伙纷纷向宓子贱提议：“单父宰，麦子已经成熟，趁齐国大军还没有到达之前，我们应该去抢收，不管是谁种的，谁抢到就归谁，肥水不流外人田啊！”其他人也纷纷表示赞同：“这个提议说得有理，把这批粮食收下来，可以增加国家的粮食储备，而齐国的军队抢不到军粮，自然坚持不了多久。”尽管城中的百姓再三请求，宓子贱坚决表示不同意。十天后，齐国军队果然来了，把单父的粮食一抢而空。

事后，很多老百姓都埋怨宓子贱，鲁国的贵族们也很生气，其中反应最大的是季孙氏，他派来使臣向宓子贱兴师问罪。宓子贱说：“就算今年没有粮食，我们明年还可再种，如果官府发布告令，让百姓去抢收麦子，那些没有种麦子的人，就会不劳而获得到粮食。这样的做法也许会把损失降到最小，但那些不劳而获的人便会年年盼敌军入侵，民风就会变得越来越坏。其实，单父粮食的减产，对我们国家的国力没有什么影响，国家不会因为单父这么一点粮食就强大起来，也不会因为失去单父一年的粮食而衰落。但是，如果让单父的百姓去抢收，那么国家的老百姓就会存在借敌入侵能发横财的心理，这才是危害我们国家的敌人，必须杜绝这种侥幸心理。”

成功课堂

宓子贱之所以拒绝百姓的劝谏，是因为他有自己的得失观。在宓子贱看来，让齐军抢走粮食损失不大，但如果让百姓存有侥幸心理那才是最大的损失。其实，与正直做人相比，我们的一点得失算什么呢？

愚蠢的猴子：不因贪婪而迷失

在亚洲雨林里，有一种捉猴子的陷阱。猎人把椰子挖空，然后用一条绳子把椰壳绑起来，连接在树上或是固定在地面上，在椰壳上打一个小孔，孔里面放上一些食物，那个孔不大不小，刚好能让猴子把手伸进去。于是，很多猴子闻到香味就跑过来，将手伸进椰壳抓食物，而且会紧紧地抓住食物不放。当猎人来的时候，猴子很慌张，但它一定逃不掉。

猎人们并没有抓住猴子不放，而是它们被自己的那份执著所俘虏。其实，它们只要放下手中的食物，就可以安然无恙地逃走。

成功课堂

如果猴子放下心中的贪婪与执著，那么它们就不会被猎人捉到。所以，现实生活中，我们千万不能因为贪婪而迷失自我。

东北虎的愿望：凡事有得必有失

有两只东北虎，一只被关在笼子里，一只生活在野外。在笼子里的老虎三餐无忧，在外面的老虎无拘无束。闲来无事的时候，外面的老虎总是找笼子里的老虎聊天。笼子里的老虎很渴望得到自由，而外面的老虎却很羡慕笼子里老虎的安逸。

一天，笼子里的老虎对笼外的老虎说：“朋友，咱们换一换吧。”笼外的老虎欣然接受。笼子里的老虎大摇大摆地走了出来，它终于自由了。而笼子外面的老虎再也不用为食物发愁了。奇怪的是，不久后，两只老虎都死了，一只饿死在荒野，一只郁郁而终。

从笼子里走出来的东北虎收获了自由，但它忽略了一点，它根本没有捕猎的本领；而那只走进笼子的东北虎虽然过上了安逸无忧的生活，却没有了以往在野地中驰骋的神气。

成功课堂

有得必有失，就像文中的两只东北虎一样，当享受自由的同时，可能面临着物质的匮乏；但当追求物质的同时，也将自己的精神关进了监狱。

两个瓶子：满瓶不动，半瓶摇

一个阳光明媚的清晨，小兔和小猫在丛林里玩耍。玩累了，它们就在一棵大树下乘凉。这时，小猫说：“要是能吃条鱼就好了。”小兔自言自语道：“我想吃胡萝卜。”突然，大树说话了：“在我的树洞里有两只瓶子，一只瓶子装满了你们想吃的所有东西，而另一只瓶子空空的什么都没有。我给你们俩一次机会，如果能选中那只装满食物的瓶子，我就把它送给你们。这瓶子可是宝瓶哦，里面的东西永远都吃不完。”

机灵的小猫反驳道：“骗人，我看这两只瓶子肯定都是空的。”

话音刚落，其中一只瓶子说话了：“谁说我是空的！”这时，就见小猫抱起另一只瓶子撒腿就跑。小兔看见小猫跑了，它也跟着跑，一边跑一边问：“你跑那么快干什么？”小猫喘着粗气说：“我怕那棵大树反悔啊！”小兔又问：“你又怎么能肯定，这只瓶子就是宝瓶呢？”小猫停下了脚步，对小兔解释说：“越是肚子里没东西的，越怕别人揭穿它，从而用言语来掩饰自己的心虚。而真正肚子里有东西的，反倒不说话了，因为它自信。所以，这只不说话的瓶子一定是满的。”

成功课堂

当人有了知识，也就增加了涵养，自然会对人彬彬有礼。但凡那些经常张牙舞爪、大呼小叫的人，肯定是肚子里没什么墨水，他们会用夸张的动作和语言，来掩饰自己的无知。

耶稣与门徒：早知如此，何必当初

著名剧作家歌德，在《叙事谣曲》中写了这样一个小故事：

耶稣带着他的门徒远行。刚走不远，耶稣就在路边发现了一块破烂的马蹄铁，他让彼得捡起来，但彼得懒得弯腰，所以就假装没听见，继续前行。耶稣见此并没有说什么，自己弯腰把那块铁捡了起来，嘴里还念念有词：“把这块铁卖给铁匠能换些钱，然后用这些钱再买几个樱桃。”

在城里买完樱桃，两人出了城，沿途都是茫茫的荒野，没有人烟，所以根本找不到水。耶稣看到彼得渴得不行，就故意丢掉一枚樱桃。彼得一见，连忙捡起来吃掉，耶稣一边走，一边扔樱桃。就这样，彼得弯了二十几次腰。

这时，耶稣笑着说：“其实，只要你刚才弯一下腰把那块铁捡起来，也许你现在就不会没完没了地弯腰了。”

成功课堂

现实生活中，我们会遇到很多像彼得这样的人，当第一次发现问题时，往往不去解决，等到问题变得复杂时，再去花时间弥补，往往要花费更多的时间和精力。因此，遇到问题一定要及时解决。

两个道士：建立属于自己的优势

有两个小道士分别在相邻的两座山上修行。两座山之间有一条小河，两个道士每天早上都会下山去河边挑水。日子久了，两人自然就成为了朋友。

就这样八年过去了。突然有一天，道士甲在下山挑水的时候没有看见道士乙。这时，道士甲心想：道士乙肯定是昨天的水没喝完，所以今天没来。谁知，第二天道士乙还是没来。半个月过去了，道士甲嘟囔着说：“道士乙该不会是病了吧，我得过去看看他。”

到达道士乙所在的山之后，道士甲大吃一惊，因为他看见道士乙正在练打坐呢，根本就没生病。道士甲好奇地问：“我都半个月没见你下山挑水了，你难道不渴吗？”道士乙笑着带道士甲去了后院，指着一口井说：“这八年来，我有时间就会挖这口井，终于在半个月前挖出水来了，所以现在我不用下山挑水了。”

成功课堂

道士甲每天循规蹈矩地挑水过日子，而道士乙却每天挖井，寻求突破。八年前不分伯仲的两个人，如今的处境却大不相同。所以，在人生之路上，我们应该为自己建立优势。要知道，今天的努力就是未来的希望。

司机的建议：最短的路并非最快

琳达是一家公司的小职员。一天，公司召开会议，直接关系到琳达是否能升职的问题，所以这天她必须要提前到达公司。但不巧的是，琳达的闹钟坏了，她醒来时已经是早上八点半了，离会议开始还有三十分钟。没办法，琳达只得改乘出租车，心里默默祈祷，希望不要迟到。

琳达好不容易拦到了一辆出租车。上车后，她对司机说："您好，我马上就要迟到了，请您选一条最短的路。"

司机问："小姐，你是想走最短的路，还是最快的路？"

琳达不解地问："有什么区别吗？

司机说："当然有区别了，现在是早高峰，最短的路肯定会堵车，如果你赶时间的话，我建议你不要走这条路，去另外一条路吧！虽然有点绕远，但相对来讲会快很多。"

听了司机的建议，琳达最后选择了走最快的路。途中，琳达看见不远处有一条路被堵得水泄不通，司机告诉她，那条就是最短的路。很显然，司机说的没错，他们走的那条路果然一路畅通，十五分钟后琳达就赶到了公司。

结果，琳达没有错过会议，她最终被升为部门主管。

成功课堂

在我们努力向目标迈进时，要花点时间思考，该选择什么样的路才是最理智的？有时候“最短的路，未必是最快的”，只有最适合的才是最好的。

卡耐基的道歉：勇于承认错误

有一次，卡耐基要去一家电台做节目，其内容是介绍一本名著。因为不小心，卡耐基两次把此书作者的故居说成了新罕布什州，而正确的应该是马萨诸塞州。

因为康科特是历史名镇，所以节目一经播出，卡耐基的错误就受到了很多人的指责。

一位从小在康科特长大的女士，更是从纽约写来一封信，里面夹杂了大量辱骂性的言语，这让卡耐基很生气。他认为，自己只是在地理位置上犯了错而已，而那位女士却在礼节上犯了严重的错误。

但是，卡耐基放弃了回击的念头，他知道相互指责、谩骂是不能解决问题的，既然自己有错误在先，那就主动承认，这才是最好的解决办法。于是，第二天卡耐基在节目中向广大听众诚恳道歉，而且还特地给那位骂他的女士写了一封信，向她表达歉意。

结果，三天后那位女士给卡耐基写了一封回信，表示为自己写的那封发泄信感到惭愧，还说卡耐基是一个好人，希望可以和他成为朋友。

成功课堂

卡耐基向侮辱自己的人承认错误并道歉，化干戈为玉帛，将敌人变成好朋友。由此可见，主动道歉实在是个明智之举。

探险的教训：适当衡量你的能力

琳达、盖尔德、艾尔三人相约去一个荒无人烟的地方探险，可是当他们决定返回时，却发现走不出去了。庆幸的是，消防队员和警察组织了联合搜救，发现了他们。

盖尔德不服气地对搜救人员说："我们知道出去的方向。"

搜救人员不客气地说："你们只知道方向有什么用？方向只能告诉你应该往东走，但是东边遇到山涧，你也下去吗？方向又告诉你往南走，但是南边有一个湖泊，根本没有办法渡过。所以，你的方向没错，但是路走错了，如果今天你们没有被找到，那么最后等待你们的只有死亡。"

成功课堂

俗话说，"条条大路通罗马"。但有的路很崎岖，有的却很顺畅。在生命的旅途中，很多人都设定了方向，并且预测可以到达目的地，但却不去衡量自己的能力，所以最后很有可能一事无成。

鸭子学者：不假思索的"直觉"

蜈蚣走路的时候，是靠那一百条腿蠕动才得以前行的。

鸭子是一个学者，它站在远处注视着蜈蚣，自言自语地说："四条腿的动物行走都那么困难，蜈蚣有一百条腿，它是怎么走路的啊？"

于是，鸭子上前拦住蜈蚣，问道："我是个学者，但是不明白，你究竟是怎样走路的？"

蜈蚣说："这些年，我一直都是这样走路的，但这个问题没有人问过我，既然今天你问了，那你给我几分钟让我想想怎么回答你。"

蜈蚣心想，走路时我哪条腿先动呢？蜈蚣停在那里，动弹不得，它对鸭子学者说："您还是问其他蜈蚣吧，您这个问题对我来说不算问题，因为我一直都是这样走路的。但您现在可把我害惨了，这么多条腿，我该动那条腿呢？"

成功课堂

蜈蚣走路时，哪条腿先动根本不是问题，因为这是它的本能。虽然我们人类是高智商动物，但我们也有很多本能，有时候我们遇到突发情况，往往第一时间不假思索的"直觉"是最准确的。所以，适当运用自己的本能，不仅可以避免错误，而且还可以节省时间。

猩猩的经验：有时经验靠不住

科学家将五只猩猩放在一个密闭的房间里，每天只给它们少量食物，目的是让他们饿得吱吱叫。

三天后，科学家在密闭的房间天花板上挂了一串香蕉，一只饿极了的猩猩赶忙跑了过去。可是当它还没有拿到香蕉时，就被设定的机关打了一下，它只好放弃。当然，后面四只猩猩也跑过去拿香蕉，同样无一例外全都被打。于是，这五只猩猩对着那串香蕉，只得望而兴叹。

又过了三天，科学家又放进来一只猩猩，当新来的猩猩觉得肚子饿，想要去吃香蕉的时候，立刻被之前的几只猩猩制止了，并告知有危险，千万不要走近那串香蕉。

接着，科学家又放进去一只猩猩。当这只猩猩想吃香蕉的时候，有意思的事情发生了，这次不仅仅是原来受过伤的猩猩们前来制止，就连那只刚来不久没受过伤的猩猩也阻止它。

实验仍在进行着，科学家把机关拆掉了，香蕉唾手可得，但依然没有一只猩猩敢去拿。

成功课堂

俗话说，"一朝被蛇咬，十年怕井绳"。有些时候，一个人在某件事上遭遇挫折，从此便不敢涉足，就会像故事中的猩猩一样，面对唾手可得的东西望而生畏。

一只小虫子：做个有头脑的人

在寝室的墙壁上，有只虫子正在艰难地往上爬，爬到一半的时候，它忽然掉了下来。然而，虫子并没有放弃，过了一会儿，它又沿着墙根，继续往上爬。

舍友狄安娜看着那只虫子，感慨地说："一只小虫子，居然可以这样执著，失败了不屈服，真是只百折不挠的虫子啊！不像我，遇到一点小事就气馁，想要放弃。唉，我居然还不如一只虫子。"

另一个舍友凯蒂拉尔说："多么可悲的虫子啊！照这样，它根本就爬不上去。其实，只要它改变一下爬行的方位，就很容易爬上去了。可是它就是不愿意动脑子，真可怜。"

成功课堂

我们是拥有着高智商的人类，而不是虫子。对于同一个问题，我们应该站在不同的角度去分析。总之，我们应该做个有头脑、善思考的人。

鹰的请求：死要面子活受罪

一只猫到森林中去捕鸟，无意中看到一只鹰。

鹰问："亲爱的，你这是要去哪儿啊？"

猫兴高采烈地回答说："我要去森林里捉鸟。"

鹰焦急地回答说："那你可千万不要伤害我的孩子啊！"

猫问："你的孩子长什么样？"

鹰骄傲地说："我的孩子们，长得很漂亮，比其他鸟好看得多。"

猫挥着手说："好，我知道了。"

猫爬上一棵树又爬上另一棵树，发现鸟巢里都是些羽翼漂亮的小鸟。它爬了好几棵树，终于找到了一窝非常难看的小鸟，于是猫把它们全部吃掉了。

猫吃饱后，在回家的路上又遇到了鹰。

鹰问猫："你没有吃我的孩子吧？"

猫回答说："你都告诉我了，我不可能吃你的孩子。我找了好久，才找到几只最丑的鸟。"

鹰赶忙跑回家里，发现自己的孩子没有了。

成功课堂

容貌丑陋、生活条件不好，这些并不可怕，可怕的是有些人不敢正视这些，死要面子活受罪。

国王的钻石：真理是无价之宝

一位国王病危，康复的可能性为零。于是，在弥留之际，国王召集了所有大臣，问他们："这些年来，你们对我有什么看法尽管说，大家觉得我是一个好君王吗？如果说的是实话，我赏你们每人一颗钻石。”

群臣走到国王身边，夸大其辞地赞扬国王的美德，只有轮到国师时，他对国王说：“臣不想发言，因为在这个世界上，多少钱都买不到真理。”

国王听后先是一惊，接着说：“那好，我现在不给你任何报酬，你尽管说吧。”

国师说：“我觉得您是一位缺点和弱点都很多的人，除了您的身份是国王外，其他的和平民并无区别。但是，您犯错造成的后果会更严重，事实上您在位的这些年，因为征税太多致使国内百姓民不聊生，而您却用这些钱举办宴会、修建别院。”

国王十分震惊，他开始沉思。最后，国王赏给大臣们每人一颗宝石，如他所许诺的，同时他任命国师为宰相。

第二天，那些阿谀奉承的大臣来到皇宫，对国王说：“国王啊，那个卖给您钻石的人应该被斩首，因为这些钻石都是假的。”

国王笑着说：“知道钻石为什么会是假的吗？因为你们说的是假话，所以你们就应该得到假钻石。”

成功课堂

人们常说忠言逆耳，所以容易让人接受的话不一定都是正确的。当我们听到这些阿谀奉承的语言时，一定要冷静地思考与分析，只有这样才能看清这些话空洞的本质。

可笑的演奏会：全是名声惹的祸

布拉德是一个普通的小提琴演奏家。一天，他突然心血来潮准备开一场音乐会，为了出名，他想请乔治·艾涅斯库为他伴奏。

乔治·艾涅斯库是罗马尼亚著名的小提琴家、指挥家、钢琴家——被大家誉为“国宝级音乐大师”。

在布拉德的再三恳求下,乔治·艾涅斯库最终答应了他,并且还请了一位著名的钢琴家在台上翻谱。一个月后,布拉德的音乐会如期在音乐厅举行。

但是这场音乐会没有预期的那么理想,因为第二天很多家报纸调侃这场音乐会说:“昨天晚上举行了一场十分有趣的音乐会,那个应该拉小提琴的人在弹钢琴;那个应该弹钢琴的人却在翻谱子,而那个应该翻谱子的人却在拉小提琴。”

成功课堂

这个故事为我们阐述了一个道理,那就是一味追求名望、想出风头的人,结果往往会被别人一眼看穿他的短处。

第十章　疯狂口才，敢说话，善说话

古希腊寓言中说道，舌头这东西的确是个怪物，它能用最美好的词语来赞誉你，也可以用最恶毒的言词来诅咒你，它能把蚂蚁说成大象，也能把小丑说成国王。可见，说话大有学问。

短暂的大雨：巧用自嘲化尴尬

古希腊著名哲学家苏格拉底，被公认为西方哲学的奠基者。大家不会想到，如此优秀的人会娶一位泼辣的妻子。但事实的确如此，为此苏格拉底经常自嘲说：“娶到这样的妻子有很多好处，既可以锻炼忍耐力，又可以加深修养，一举两得何乐而不为呢？”

有一次，因为一些小事，妻子又与苏格拉底大吵起来，无论他怎么解释妻子就是不能消气。于是，苏格拉底不得不逃了出去。让他意外的是，刚到楼下妻子就向他泼下一大盆凉水，以此来发泄心中的怒气。

苏格拉底擦了擦脸上的水说：“事实果然如此，雷电交加必有大雨，但相当短暂。”

成功课堂

所谓“自嘲”，就是嘲笑自己。当我们身陷窘境时，不妨学学苏格拉底，用自嘲的语句化解尴尬，这不仅显示出他幽默的一面，又让人佩服他的好修养。

何为香蕉：用比喻更易理解

有一位名叫艾德里安的大学教授，他总会运用形象的比喻为学生们上课，因此他的课既生动又有趣，深受学生们的喜爱。

调皮的采尼给艾德里安教授起名为“比喻专家”，为了让教授出丑，他在课堂上公然挑衅：“老师，您的课之所以上座率高，是因为您喜欢运用比喻，大家都觉得很生动，所以才愿意来听您讲的课。如果您不用比喻，是不是就讲不下去了？”采尼的话引起了一片混乱，有反驳他的也有随着起哄的。艾德里安冷静地说：“请大家静一静，听我说。”一分钟后，教室终于安静下来，艾德里安说：“好的，请你不用比喻为我们形象地描述一下，什么是香蕉。”采尼红着脸，尴尬地坐了下来。这时，艾德里安说：“好，让我用专业术语为你们介绍。香蕉属芭蕉科，生长在热带地区，植株为大型草本，从根状茎发出，由叶鞘下部形成高 3 ~ 6 米的假杆；叶长圆形至椭圆形，有的长达 3 ~ 3.5 米，宽 65 厘米，10 ~ 20 枚簇生茎顶。穗状花序，由假杆顶端抽出，花多数，淡黄色；果序弯垂，结果 10 ~ 20 串，约 50 ~ 150 个。植株结果后枯死，由根状茎长出的吸根继续繁殖，每一根株可活多年。”介绍完，艾德里安点名问采尼：“根据我的描述，你能画出香蕉树和果实吗？”采尼摇了摇头，依然没有说话。艾德里安又说：“既然不能，就用我的方式向你们介绍一下，看看效果如何。香蕉形状似弯月，成熟后颜色鲜黄，其树干笔直似电线杆，它的叶子为长圆形，类似于橄榄球。”艾德里安刚说完，同学们都快速地画出了香蕉树和果实。

艾德里安微笑着说：“现在你们应该能够明白，运用比喻并不仅仅是让课堂气氛活跃，更重要的是，可以让你们更形象地了解事物的外貌特征，从而能够正确地去理解和认识它们。”

成功课堂

比喻的运用，可以让抽象的事物变得既形象又立体，就算看不到实物也能想象出事物的样子。因此，运用比喻不仅可以让我们的语言生动形象，而且还可以使倾听的对象印象更加深刻。

公鸡下蛋：巧妙拒绝荒唐之举

曾经有位恶毒的国师，对昏庸的皇帝说，吃公鸡下的蛋可以让人长生不老。于是，这位皇帝就张贴皇榜，下令全城的百姓进献公鸡下的蛋，三天以后挨家挨户去收，如果没有将处以死刑。

皇榜刚一张贴，城内的百姓就开始恐慌起来，因为根本不可能找到公鸡下的蛋，他们只能等死。一位体贴百姓的大臣得知此事后也很焦虑，经过一天一夜的苦思冥想，他终于有了办法。

第二天上朝时，他请同僚为自己告病，皇帝不解地问：“爱卿一向身体健康，今日为何生病了？”同僚说：“回皇上，大人因怀孕，今日在家产子，所以无法上朝。”听后，皇帝大笑道：“这怎么可能？哪有男人生孩子的？”同僚说：“皇上如果不信，请移驾随我前去一看便知。”于是，皇帝来到此大臣家中。皇帝问：“爱卿为何不去早朝？”大臣说：“回皇上，臣正在家中产子。”皇帝大怒：“你当寡人如此愚笨吗？男人如何能生孩子，简直是在欺君！”大臣反问道：“皇上既然知道男人不能生孩子，为何相信公鸡能下蛋呢？”

此时，昏庸的皇帝哑口无言不知如何作答，只好撤了皇榜，取消那个荒唐的旨意。

成功课堂

当我们不能直接否定他人的做法或观点时，可以巧妙地用言语让他感觉到此举有多么荒唐，以达到阻拦和制止的目的。

睿智主持人：成就智慧的你

英国有一位知名主持人，名叫培迪，他是一个善用语言又很幽默的人。

一次，培迪在主持节目的时候，有观众不时地大声喊道："你大一点声，听不见！"开始，培迪装听不见，但那些人总是不停地叫喊，这让他忍无可忍。于是，培迪便板着面孔说："在座的各位朋友，你们说，如果有一天，天使突然跑过来向我们宣布上帝的旨意，说世界末日马上就要来了。那么，有些人会不会还是像现在一样挤在听众的后面，大声地喊'说大声一点，听不见'呢？"培迪这么一说，后面那些起哄的人立即安静了下来，于是他顺利地主持完这个节目。

记得还有一次，培迪在主持的过程中，台下有个日本人对他破口大骂，其内容不堪入耳。可是，培迪却若无其事地说："你尽管骂吧，告诉你，我才是那个不按常理出牌的人！"话音刚落，观众们立即哄堂大笑，并且把那个日本人赶了出去。

成功课堂

其实，在与人交谈的时候，应该尽量避免与人发生冲突。但如果对方的话实在让人忍无可忍，那么可以运用幽默的话语从侧面进行回击。

沉默的卡尔：时刻保持冷静

美国第三十任总统卡尔文·柯立芝，是一个极有特色的人。

1924 年，卡尔文·柯立芝连任竞选，以很大的优势击败了民主党候选人。共和党的竞选口号是：“保持冷静，保持柯立芝。”

自从卡尔文·柯立芝入住白宫以后，他常常把椅子放在门廊里，晚上就坐在那里抽烟，比起之前的总统来，卡尔文的工作量是最小的，做的决策也是最少的。门肯就曾经说：“柯立芝在任的五年零七个月中，所做出的最重大的功绩就是睡得比之前任何一个总统都多，说的也比任何一个总统都少。他把自己裹在神圣的沉默中。一般情况下，他总是将双脚翘在桌子上，就这样打发一天天无聊的时光。”

记者们给柯立芝起了一个绰号叫“沉默的卡尔”，这也不是没有道理的。

1924 年大选的时候，有记者问柯立芝：“关于这次大选，您有什么话要对选民说的吗？”

柯立芝回答说：“没有。”

“那您能就世界的局势，给我们说点什么吗？”

“没有。”

“那您能和我们谈一下，关于禁酒令的新闻吗？”

“不能。”

记者们非常失望。这时，柯立芝严肃地说：“告诉你们，不要引用我的话。”

当柯立芝结束夏威夷旅行，准备返回白宫的时候，有记者问他：“您现在想对民众说些什么吗？”他愣了一下，挥了挥手说：“再见。”

柯立芝知道自己该怎么样去应付记者。有一次，他解释说：

“如果你什么也不说，就不会有人叫你重复了。”

门肯说：“柯立芝在政治上没有什么作为，反正我是不记得他到底做了什么，或者是说过什么话。”门肯的话一说出，就遭到了很多人的反对，因为柯立芝说过的话很多都成为了名言警句。

就在1919年，柯立芝担任马萨诸塞州州长时，波士顿警察罢工，他就曾批评道：“任何人在任何地方、任何时间都没有权利举行罢工反对公共安全。”这句话让他一下子成为了美国的名人。

成功课堂

柯立芝总统还说过一句名言：“如果我们能坐下来，保持清醒、冷静，那么我们生活中五分之四的困难就会消失。”在我们表达心意、参加演讲或辩论时，保持冷静同样重要。

问答显魅力：语言简洁明快

美国著名主持人奥普拉，在主持一个脱口秀时，一位年过七旬的老人拄着拐杖，迈着蹒跚的步履走上台来。看到这样一位老人，让人很自然地为他的身体担忧。所以看到这一幕后，奥普拉忍不住说：“先生，您还经常去看医生吗？”

“是的，我经常去看。”

“您为什么常去看医生？”

“因为我是病人。”

“那您常去药店吗？”

“是的，我经常去，药店的老板就是靠我们这样的人活下去的。”

“您也经常吃药吗？”

“不，我一般情况下会把药扔掉，因为我想要活下去。”

这时，奥普拉马上换了一个话题：“您妻子最近还好吗？”

老人微笑着说：“还是那个，没有换。”

成功课堂

简洁的语言可以增加说话者的魅力。其实，我们每个人都会有这样的感觉，那就是说话唠叨、言语空泛，很令人厌烦。所以，在谈话过程中，我们的语言一定要尽量简洁明了，这样能给人留下好印象。

宋玉妙辩登徒子：循循诱导

战国时期，著名辞赋家宋玉和登徒子同在楚国为官。宋玉年轻貌美，诗词歌赋无所不精，楚王非常赏识他，这引来了登徒子的嫉妒。

一天退朝后，登徒子见朝堂上没有别的臣子，就趁机在楚王面前诋毁宋玉。登徒子说：“大王，请您记住，千万不要让宋玉进后宫。”

楚王说：“嗯？你给寡人说说，为什么不能让宋玉进后宫啊？”

登徒子说：“禀大王，因为微臣觉得宋玉样貌英俊、能说会道，而且特别好色，让他混进后宫，那还了得！”

过了两天，楚王把登徒子的话转达给宋玉，看他有什么话说。宋玉听后，并不羞恼，淡然一笑，说：“禀告大王，登徒子说我长得英俊，是事实，不过那是天生的；说我能言会道，这是老师教的，也是事实。至于说我好色，这纯属无中生有，愿大王明察！”

楚王一听，和颜悦色地说：“宋爱卿不必紧张，你有什么话尽管和寡人说，我心里清楚你是什么人。”

宋玉沉思了一会儿，说：“当今天下最美的女子在楚国，楚国最

美的女子在微臣所居住的那条大街上，而那条街上最美的女子就在微臣的隔壁。要说起这个姑娘，真是增一寸显得太高，减一寸又显得太矮，擦点粉显得太白，涂点胭脂又显得太红，总之恰如其分，明艳动人。她回眸一笑，真是倾国倾城啊！就这样一个国色天香的大美女，主动向我示好多时，我都不曾与她打过招呼，登徒子怎么可以说微臣好色呢？”

楚王说：“爱卿言之有理，请接着说。”

宋玉说：“登徒子和我截然不同，他老婆蓬头垢面，丑陋至极。这样的女人登徒子都喜欢，两个人恩恩爱爱，膝下有五子，这怎么解释呢？只能说明，登徒子离不开女人，饥不择食。大王，您评评理，他这不是好色是什么？”

宋玉这番话说得振振有词。于是从那以后，登徒子就成了色鬼的代名词。

成功课堂

高明的辩术有一个共同特点，就是先设置一个陷阱，然后再循循诱导，使他人深陷其中不能自拔。就像文中宋玉对付登徒子一样，循序渐进让其陷入其中。

一则笑话：巧妙利用模糊语言

有这样一则笑话：

有三个读书人上京赶考，路过一处高山，听说山上住着一位“半仙”，能推算出一个人的功名利禄，于是三人便上山求教。听了三人说明来意，“半仙”紧闭双眼，伸出一个指头，却不说话。三人不解其意，请求解释。“半仙”摇了摇头说：“此乃天机，不可泄露。”三人无奈，只好下山而去。

徒弟悄悄问"半仙":"师父,你对三人只伸一个指头是什么意思?"

"傻瓜,这个窍门还不懂!他们一共三个人,将来如果有一个考中,那一个指头就代表考中的那一个;有两个考中,就表示有一个考不中;如果都没考中,这一个指头就表示一齐落榜了。"

成功课堂

"半仙"的一个指头代表三种意思,可谓"模糊"。他之所以能够服人,并且得到一个"半仙"的绰号,也许高明之处就在于他能运用类似"找着丢不了,丢了找不着"的模糊语言。可见,模糊语言具有双重功能,虽然它给我们明辨是非造成一定的障碍,而且一旦为论敌所运用,我们就很难辩驳。但是,它的存在也有一定的合理性,在特定场合,模糊语言用得合情合理,恰如其分,也能够为我所用,令论敌陷入"迷魂阵"。

演说家的恐惧:很平常的事

艾伯特·威根是美国著名心理学家,同时也是一名受大众欢迎的演说家。然而,在艾伯特成功的背后,却有着一段克服内心恐惧的历程。很多年后,艾伯特在回忆录中写道:"这段经历是难忘的,那是在我上高中的时候,老师安排我在开学时致词。随着那一天的到来,我差点被吓出病来,无论做什么,只要一想到这件事,我就头晕目眩、两颊发热,必须马上放下手头上的事情,把脸贴在冰凉的墙上,希望可以把脸颊的温度降下来。"

"直到进了大学,我这个毛病还是没改掉,曾经的一次演讲,让我永远都无法忘记。那天上台之后,我红着脸想着那篇演讲稿的开端,亚当斯和杰斐逊不要重现。当我抬起头看见台下一张张仰

起的面庞时，我的头又开始晕了，晕到不知自己身处何地，我拼命地想要说出第一句话，结果却说成了‘亚当斯和杰斐逊已经去世’，然后就再也说不下去了，最后没有办法，我只得低下头深深地鞠了一躬，在热烈的掌声中回到座位。接着，老师走过来，对我说，‘哦，艾伯特，我们很遗憾听到这个悲哀的消息，不过我想我们会节哀顺变的’。话音刚落，全场立刻哄堂大笑，当时我真想找个地缝钻进去，这辈子都不想出来。”

成功课堂

演说家的过去尚且如此，更何况我们这些普通人？其实，我们对自己的要求不必那么高。就像鲁迅先生所说，“不论是怎样的天才，生下来的第一声都是哭，而不是朗诵一首诗”。所以，在演讲台上出现错误，没有什么大不了，相反是那些上台便镇定自若的人，倒是令人难以置信。

顺利的谈判：肯定着批评

年轻气盛的艾略特，是一位非常尽职尽责的工程技术员，刚走出校门的他工作能力很强，但与人沟通的能力却很成问题。他经常因对施工方说“你错了”而引发口角，最终还要委屈自己向对方道歉，既影响工期又让自己心情低落。

最近，艾略特利用假期认真地反省了自己，他找到了问题所在便重新开始工作。刚来工地的第一天，艾略特陪领导验收样品房时，发现这里的房子很多格局都不合理，因此他立即向领导指出所有问题，经过一个多小时的协商，领导决定派艾略特去与施工方进行协调，要求将房屋构造改成最佳格局。接到命令后，艾略特首先找到了施工方的管理人员，他将图纸交给对方让其了解情况，对方说:“你们的方案也很好,但我方的房屋也没有什么问题,为何要重建?”如果是以前,艾略特肯定会直接说:“你们的格局是错误的,并不科学也不合理。”但这次艾略特决定换一种方式沟通,他说:“是的,你们的房屋也许没有什么大问题,但在小的细节上还是有些差强人意,为了让工程圆满完成,双方都能获得最大利益,我希望你们能进行改良,按照我们的图纸要求去做,这样既节省时间,购房者也会更加满意。”施工方听了艾略特的话,笑着说:“小伙子不错,你的话我爱听,我们会慎重考虑的,争取研究出一套让双方都满意的方案,两天后我们给你答复。”

就这样,两天后施工方同意完全按照艾略特给的方案去实施,这次的谈判很顺利,艾略特也因此得到了领导的表扬和重用。

成功课堂

生活中,经常会听到有人对我们说“你错了”,相信当时的你肯定很不舒服,既伤自尊又丢面子。所以,当我们在为别人指出问题时,一定要注意这一点,试着用委婉肯定的语句去说服他人。

几个小时后:巧用幽默去批评

伏尔泰是法国的启蒙思想家、文学家、哲学家,他善于运用幽默语言,即使批评人时也是如此。

曾经,伏尔泰有一位非常懒惰的仆人。一次,伏尔泰准备出门,便让这位懒仆人帮他把鞋子拿来。鞋子虽然很快被拿来了,但上面布满了尘土,甚至看不出本来的颜色。伏尔泰不解地问:“昨晚我回来后,你为什么不把鞋子刷洗干净?”仆人理直气壮地说:“先生,鞋子不用刷洗,现在您出去,路上依然都是泥土,几个小时后，就算刷洗过还会变成现在这般模样。”伏尔泰无奈地摇了摇头没有说话，拿起公文包向外走去。这时，懒仆人拦住了伏尔泰，说：“先生，您忘了给我厨房的钥匙，我的午饭怎么解决？”伏尔泰说：“你不需要吃午饭，反正几个小时后，你依然还会像现在一样饥饿。”仆人听后，羞愧地低下了头。

成功课堂

伏尔泰用仆人的话幽默地反驳了他，既达到批评的目的，又不会让对方反感，而且得到的效果要比严厉训斥有效得多。

师经的劝诫：忠言不逆耳

师经是战国时期魏国的一位宫廷乐师，他经常给魏文侯弹琴。

一次，师经正在弹琴的时候，魏文侯随着音乐跳起了舞，并且高声唱道：“我的话没有人可以违背。”

师经闻言后，举起琴就要去打魏文侯，却没有打中，而是把帽子上的穗子打断了。魏文侯的手下擒住师经，问他：“你身为臣子，却敢以下犯上，企图行刺国君，好大的胆子！”

魏文侯的手下说：“应该用火刑，把他烧死。”于是，师经被侍卫们带到大殿台阶下等候发落。

师经说：“我想在死之前说一句话，可以吗？”

文侯说：“可以。”

师经说：“以前尧舜做皇帝的时候，总是怕有人反对他说的话，桀纣做皇帝的时候，也怕有人反对他的话。所以，微臣刚刚打的是桀纣，不是皇帝您啊！”

魏文侯听后，对侍卫说：“把他放了吧，这是我的错。来人，把这把琴挂在城门上，我要它作我的符信。还有，不要修补我帽子上的穗子，我要用它时常告诫自己。”

其实，师经是从魏国长久的统治为出发点，批评魏文侯不该学夏桀独断专行，而魏文侯也从师经的批评中听出：只有忠心的臣子，才会这样对自己说。所以，魏文侯赦免了师经的死罪。

成功课堂

就心理学而言，一个批评与被批评的过程是批评者与被批评者在思想、感情上的相互交流与认同的过程。人在批评过程中越是尊重、理解对方的处境，就越能够获得对方对自己批评意见的重视与接受。在发表批评意见时，尊重使人懂得爱护他人的自尊心，维护其面子，不出语伤人，不逞口舌之快；理解使人学会设身处地地去替别人思考问题，讲话不自以为是，不强加于人。

儿时玩伴：分清角色再说话

出身贫苦的朱元璋，领军推翻元朝后，建立了明朝。长相奇异的朱元璋，让人望而生畏，因此很多人都只会用美言恭维他。

自从朱元璋当上皇帝后，他的很多儿时玩伴前来进谏，为的是能谋个一官半职，使后半辈子衣食无忧。一天，一位自称阿舒的人要求面见朱元璋，太监们怕得罪了皇上便很快带其进了宫。还没等朱元璋说话，阿舒就说：“吾皇万岁，万万岁！当年我曾随吾皇扫荡庐州府，打破瓦罐城，放走汤元帅，捉住豆将军，怎奈红叶当关，幸有某将军在，得以保住吾皇。”这时，朱元璋虽未想起此人是谁，但因其话让他极为高兴，便当即封他为御前侍卫，时刻保护自己的安全，此职位虽危险但俸禄和等级很高。

此事被阿舒所说的某将军知道,他也前来面见朱元璋。然而,某将军刚一见到朱元璋就说:“吾皇可曾记得,当年我们一起偷拿别人家黄豆,在野外煮食,因为饥饿难耐,还没等豆熟就哄抢起来,因此汤水洒了一地,你只顾捡食黄豆,误把红叶草吃到嘴里,因此苦不堪言,幸好我拿来青菜叶让你吞下,才得以解救……”当此人说得津津有味时,突然有几位力大无比的士兵拥上前来将其拖走,还没等他反应过来,就听朱元璋说:“将其拖出去,斩立决!”

其实,朱元璋已经认出此人,他说的也都是事实,但此人没有分清角色,依然把朱元璋当作儿时玩伴,单纯的思想断送了他的性命。

成功课堂

对象不同,我们的角色也要跟着变换,相应的说话方式就要有所改变。每个人都喜欢听别人夸赞自己,但对象不同方法就不同,在领导和上级面前就不能突出自己,而贬低了对方,这样只能让他们更加讨厌自己。如果有求于人,就要避重就轻,既能说明来意,又能让对方心花怒放,这样才能让事情更加顺利。

伦恩的答案:追问止于私事

人到了适婚年龄还不结婚,就会经常被人问:“你怎么还不结婚啊?”“什么时候能吃你的喜糖啊?”

也许是被问烦了,所以每当有人问伦恩的时候,伦恩就会说:“2012 年,我应该不会结婚。”

究竟是为了什么不结婚,属于个人隐私,但很多人却表现出“极度的好奇心”。其实,他们自己的婚姻状况也未必好到哪里去。

然后，还有些人更加过分，居然偷偷打听，比如到处散布说："按说他条件也不错啊，你说怎么还不结婚，我觉得他应该是有问题。"这些流言蜚语可把伦恩害苦了，甚至他的父母也开始追问他，是不是有什么毛病。

后来，每当有人问伦恩"你怎么还不结婚"的时候，伦恩就会说："因为我屁股上有块胎记。"

那个人会说："你不结婚和屁股上的胎记有什么关系啊？"

这个时候，伦恩就会笑着说："那我不结婚跟你有什么关系呢？"

成功课堂

现实生活中，总有些人喜欢管别人的闲事，对于一些与自己无关的事，仍是不停地追问。有些人可能是出于对当事人的关心，而有些人则是因为好奇心太过强烈。其实，适度的关心会让人觉得温暖，而过分的"关心"就会让人反感。

大话王：没有绝对只有相对

刚上高中的凯斯，是个非常喜欢吹嘘、爱说大话的人，很多同学都因此讨厌他。然而，凯斯却看不到自己的缺点，还因此找老师诉苦，说同学们都排斥、欺负他。

班主任在班里了解情况后，主动找到凯斯说："孩子，你在批判别人之前，是否会反省自己？"凯斯说："我有什么不对？是他们先不理我的。"班主任说："可是很多同学都向我反映，他们不想和你玩，是因为你总是夸大其词，还喜欢吹嘘自己的优点，是这样吗？"凯斯不屑地说："这有什么，那是他们在嫉妒我的优势。"班主任笑了笑说："曾经有个人，也像你一样总认为自己很了不起，很喜欢与人抬杠。有一天，他在路上听到别人说今天会下雨。他看天如此晴朗，就大声说，‘这怎么可能，不要相信天气预报，它有时也不准’。路人说，‘难道你比天气预报还厉害，能准确地预知未来？’他骄傲地回答说，‘那当然，我敢肯定今天不会下雨’。于是，有人建议他们来打个赌，他很爽快地答应了。他主动开出条件说，‘我现在回家把屋顶掀掉，把粮食全部拿到外面晾晒。如果今天没有下雨，你们每人都要送给我两大袋粮食，敢和我赌吗？’其他人都同意了他的条件，便各自回家准备去了。那人真的把屋顶掀掉，并把全部粮食拿出来晾晒，他在家等了几个小时都是艳阳高照，所以带妻子游玩去了。然而，当他与妻子正陶醉于美景之中时，忽然狂风大作，瞬间滴下豆大的雨点，等他与妻子赶回家时早已一片汪洋。妻子哭泣着对他破口大骂，他也后悔地瘫软在地。”班主任真诚地看着凯斯，温柔地说：“没有朋友是件很可悲的事情，爱吹嘘的人早晚会害了自己，老师希望你能认真地反省自己，尽快改掉这个坏毛病。”

凯斯不好意思地说：“老师我明白了，我会改掉说大话的毛病，并努力交到好朋友。”

成功课堂

人无完人，再优秀的人也会有失误和说错话的时候，所以我们说话做事一定要给自己留后路，不然必会吃大亏。世界万物没有什么是绝对的，因此我们说话除了真理以外都不能说得太绝对，不然就会让自己处于尴尬的境地。

丢人的手套：巧妙运用弱点

“小笔神”马克·吐温，曾在《傻子出国记》中写道：

我在船上认识的外科大夫，在轮船抵达直布罗陀后，便上岸去附近的小百货店，购买当地很出名的特产——精美、柔软的羊皮手套。

刚一走进店里，我就看见店里有位漂亮的小姐，递给我一副蓝手套，我对她说："小姐，我不喜欢蓝色。"

她却说："您这种手型就适合戴蓝色的手套，戴其他颜色不好看。"

她这么一说，我就有点心动，偷偷看了一下自己的手，也不知道为什么，越看越好看。右手不由自主地戴上手套后，脸上有点发烫，因为这个手套，一看就知道尺寸小，我戴不上。

这时，美丽的售货员说："呀，正好！"

听她这么一说，我顿时心花怒放，其实自己心里也知道根本不是这么一回事。我用力拉了一下。唉，真让人扫兴，我竟然没戴上！

看到这一幕，售货员微笑地说："我觉得先生您以前应该经常戴羊皮手套吧？不像有些人，戴这种手套时笨手笨脚的。"

我万万没想到她会说这句话，当时，我只想知道，我应该怎么把手套戴上。我再一使劲，不料羊皮手套从拇指根部一直裂到掌心。我拼命掩饰裂缝，而身旁的售货员却一味地大灌迷魂汤，我心想，宁可死也得识抬举啊！

这时，售货员又开口说话了："您怎么知道，这种手套要手背上开口才能戴啊？您的手可真细巧，戴这手套也正合适。如果中间也绽开了，您就不用付钱了。我卖了这么多年手套，一看就知道谁戴着好看，谁戴着不好看。"

其实，这副手套，要按照水手的说法就是，后卫都"溜"走了。指节部位的羊皮也破裂了，一副手套现在俨然变成了一堆破烂。

这位售货员给我戴了这么多顶高帽子，我没办法声张，也不敢把这副手套扔给那位美女手里。我感觉浑身都热辣辣的，又是生气，又是狼狈，可心里还特别高兴，真矛盾。和我一起来店里的外科大夫真可恶，只在一旁兴致勃勃地看我出洋相，我真希望他马上见鬼去。我觉得特别尴尬，但表面上却还要装出一副开心的模样，说："这副手套真不错，我戴着正好，你把那只手套也给我吧，我上街再戴，你这店里太热。"

店里面真热，我这辈子都没去过这么热的地方。付完钱后，我潇洒地说了声"谢谢"出了店门，苦笑地戴着这副破烂的手套，走过这条街，然后将其扔进了垃圾桶。

成功课堂

马克·吐温用第一人称的手法，幽默、夸张地展现出了那一幕"闹剧"。商店里的售货员，抓住了顾客心理和人性的弱点，恰到好处地运用它们，给顾客戴了一顶又一顶的高帽，让爱面子的客人没办法拒绝。

历史学家：以谬制谬巧反驳

柳治徽是我国著名的历史学家，著有《中国文化史》这部七十余万字的书籍。此书经过多次印刷发行，影响深远。

一天，某位自以为是的青年学者来到柳老先生家，说："线装书陈腐不堪，对社会一点价值也没有，倒不如付之一炬。"

柳老先生微微一笑，口气平和地说："你这个主意我非常赞同，但是我这里还有一个更好的提议，那就是你出的这个主意，不做便罢，要做就必须彻底做好。否则，这边烧毁了，那边没烧毁，发挥的作用就不大了，应该全国统一行动，把所有的线装书都焚毁。还有，把中国的线装书焚毁这样的力度还不够大，应该把全世界的线装书都烧毁。如果不全部烧毁，说不定会有人走私过来呢！这样，咱们可就前功尽弃了。所以，不仅仅是中国要把线装书全部烧掉，全世界的线装书都要集中起来，统一销毁。这样一来，世界各地的汉学家就不用孜孜不倦地研究古书了。否则，他们访华问我们问题时，我们全部学者都瞠目结舌，无言以对，那岂不是贻笑大方？这样做太难为情了。”

青年学者听完柳老的话后，羞得无地自容，只好匆匆道别。

成功课堂

“以谬制谬”的创意在于抓住听众的判断，运用适度夸张的手法，说些初听起来颇有道理的反话，使人从“信其有理”到“发现矛盾”，进而进一步抓住你要表达的思想核心。

谈抽烟：反弹琵琶，欲抑先扬

有位英国烟草商，去德国谈合约。

一天，商人在德国繁华的商业街大谈吸烟的益处。突然，从众围观民众中走出一位老人，他走到商人面前，打量了一番后，朗声说：“女士们，先生们！吸烟的好处有很多，刚刚这位先生已经讲了不少，但他还漏掉了三大好处。”

烟草商听后十分高兴，向老人连声道谢：“真是太谢谢您了，刚刚我就觉得您气质不凡，肯定是一位知识渊博的老人，果不其然。那您现在就给大家讲讲，我漏掉的三大好处吧。”

老人微笑着点了点头，说：“第一，狗都怕抽烟的人，不信你们仔细观察，只要狗一遇到抽烟的人就跑；第二，小偷从不敢去抽烟人的家里偷东西；第三，抽烟的人永远不会变老。”

围观的人不解地问：“为什么啊？”烟草商也在一旁对老人说：

"老先生,您给大家解释一下吧。"

老人环顾四周后,说:"抽烟的人容易驼背,狗见了之后还以为是弯腰捡石头要打它,狗肯定会害怕;第二,抽烟的人夜里爱咳嗽,小偷会以为主人没有睡着,所以自然不敢去他家偷东西;第三,抽烟的人命都不会太长,因此他们没有机会衰老。"

老人的话刚说完,围观的人群立即爆发出一阵哄笑,而那位英国烟草商,趁乱消失在人群中。

成功课堂

老人反弹琵琶,欲抑先扬,当着众人面先说吸烟的好处,吊起了大家的胃口,然后再解释吸烟的坏处,让人记忆更加深刻。有时候身处特定环境下,我们应该打破语言习惯的约束,反其道而行之。

爱吹牛的皇帝:满足自尊巧说服

威廉二世是德国末代皇帝,他平生最大的爱好就是吹牛。一次出访英国时,威廉二世竟然宣称自己是世界上唯一一位对英国友善的人,因为有了他,英国人才能打败南非的波尔人。

口出狂言的威廉二世激怒了英国民众,他们要求这位爱吹牛的德国皇帝澄清事实并道歉,但威廉二世认为那样很丢人,所以不想认错,他想让自己的心腹大臣布罗当替罪羊,承认是他建议皇帝这样说的。布罗得知后,辩驳说:"陛下,没有人会相信您说的那些话是我建议的。"

威廉二世皱眉说:"你这话是什么意思,难不成是我犯的蠢错误,你都不会犯?"

布罗解释道:"不是您说的这样。陛下,是微臣没有资格说您在出访英国时说的那些话。陛下，您在很多领域的功绩，臣是不敢望其项背的，比如说您在军事才能、自然科学等很多方面。微臣曾亲耳听见过陛下和其他人谈论晴雨表、无线电等，而我在这些方面却像是一张白纸。但是陛下，微臣在历史和文学方面的知识，也许对国家有一些用处，尤其是外交政策。”

威廉二世忘乎所以地说道：“天哪，布罗！我说的没错，咱们俩在政治舞台上是最有默契的黄金搭档，因为我们在有些方面可以互补。”

成功课堂

布罗解释的言语不多，却别具匠心。短短几句话不仅满足了威廉二世的自尊心，也帮自己找到了开脱的理由。所以，在现实生活中，批评、忠告别人的时候，一定要保全别人的自尊心，否则不但不容易被人接受，还会让对方感到反感。

第十一章　改正毛病，小毛病，大问题

诗人泰戈尔曾经说过："当鸟翼系上累物时，就飞不远了。"如果我们不能找出自身的坏毛病，并坚持不懈地去克服，那么我们一生只能碌碌无为，成为那只飞不高的鸟儿。

司机考试：离得越远越好

一家外企准备高薪聘请一位司机，让他来为总经理开车。经过层层筛选，只有四位司机被留了下来。这时，面试官问这四人说："悬崖边有颗钻石，你们驾车去拿，你觉得你要和悬崖保持多远的距离才不至于掉下去？"

第一位司机说："五米。"

第二位司机说："三米。"

第三位司机说："两米。"

第四位司机说："我会尽量远离悬崖，越远越好。"

最后，那家公司录用了第四位司机。

成功课堂

离危险越远越好，千万不要以身冒险。俗话说，"常在河边走，哪能不湿鞋"。一旦养成了第一个坏毛病，就会有第二个、第三个。所以，我们绝不能放纵自己，离坏毛病越远越好。

将军杀马：给自己一个惩罚

骁勇善战的阿奇尔将军，也有一段不为人知的岁月。

青年时期，阿奇尔特别喜欢喝酒，而且每天都喝得酩酊大醉，回家的路上总是一边东摇西晃，一边同女人调笑。

阿奇尔总会去离家很远的一家酒店，享受放荡的滋味，他几乎每三天就会去光顾一次，短暂的青春就这样被虚度，高超的武艺也因此而荒废。

终于，阿奇尔的母亲忍无可忍，狠狠地把他教训了一顿。当时，母亲的一句话点醒了阿奇尔："男子汉大丈夫就应该保家卫国，可你只知道吃喝玩乐，简直是个废物。"之后，阿奇尔发誓："我阿奇尔，从今以后再也不做放荡的公子哥了，我会听母亲的话，专心习武，立志保家卫国。"

从此，阿奇尔改掉了恶习，成为了一个品行优秀的人。

一天傍晚，野外训练结束后，阿奇尔又困又乏，便伏在自己的爱驹上睡着了。阿奇尔本想让马驮他回家，但不知道怎么回事，这匹马居然把他带到了以前那家酒店的门前。

当阿奇尔醒来后，发现自己违背了誓言，又来到这个地方。因为失信于母亲，阿奇尔流下了悔恨的泪。之后，阿奇尔看着陪伴自己长大的这匹马，沉默了好久，突然拔出刀忍痛将它杀掉了。

成功课堂

面对那些顽固的恶习，我们一定要用惨痛的教训来遏制它。就像文中的阿奇尔一样，果断地用极为心痛的方式来惩罚自己。

刘禹锡心得：好为人师者戒

著名的唐代诗人刘禹锡，才高八斗，为人直爽，但因为做人不够圆通，在仕途上惹来了不少麻烦。

唐朝有个风俗习惯，举人在科举考试之前，要将自己写下的文章送给一位当朝有名望的官员，请他看了之后说几句好的评语，以提高自己的声誉，这种风俗被称之为“行卷”。

当时，襄阳有位才子叫牛僧孺，这年他也来到京城赶考。根据习俗，他拿着自己的得意之作来到刘禹锡的府邸。刘禹锡客气地款待了牛僧孺，问明他的来意后，刘禹锡便开始阅读作品，并且毫不客气地当面修改他的文章，指出了很多不足之处。

其实，刘禹锡比牛僧孺有资历，又是当代文坛大家，亲自修改牛僧孺的文章，对他创作水平的提高很有帮助。但牛僧孺是一个特别自负的人，刘禹锡这样的行为无疑让他很没面子，所以他从此便开始记恨刘禹锡。

后来，因为一些政治原因，刘禹锡的仕途受阻，等到牛僧孺都当上了宰相的时候，刘禹锡还是一个小小的地方官。

一次，刘禹锡在上京的路上碰到了牛僧孺。于是，两个人便住到了同一家客栈。把酒言欢，酒过三巡之际，牛僧孺写下了一首诗，其中有一句是这样写的：“莫嫌恃酒轻言语，曾把文章谒后尘。”刘禹锡听后，马上想起多年前为牛僧孺改文章那件事，于是马上写了一首和诗，以示悔意。

这次之后，刘禹锡对弟子说：“我当时只是想一心一意提点后人，谁曾想适得其反，差点酿成大祸，你们以后也要以此为戒，切莫好为人师。”

成功课堂

刘禹锡出于一片好心为牛僧孺改文章,却因为方式不对,且对方又是度量极小之人,弄得贻害无穷。所以,在帮人出主意,或者指点别人时一定要注意方式方法。

金匠和铁匠:目光短浅的悲哀

在美国加州的一个小镇上,住着一个金匠和一个铁匠。两个邻居渐渐熟悉起来,并且成了好朋友。铁匠瓦尔特为人善良,而且非常勤劳。金匠艾思迪也是勤勤恳恳地工作,但是人品不太好,总喜欢占小便宜。

每天傍晚,艾思迪都要到瓦尔特家里闲聊,临走时他总要拿走一些瓦尔特做的铁器。瓦尔特家境并不富裕,做成一件铁器也很不容易,可是为了顾及朋友之间的友情,无论艾思迫向他要什么,他都从来不拒绝。

一天,瓦尔特整整花了两天时间做了一个大铁盆。瓦尔特心想:这铁盆应该可以卖不少钱。这时,艾思迪走进来看见了那只铁盆,说:“瓦尔特,你把这只铁盆给我吧,你嫂子看到后一定会非常开心。”

艾思迪拿着铁盆离开了,可怜的瓦尔特只得眼巴巴看着铁盆被拿走。一连好几天,瓦尔特都在想:艾思迪每天都来我家拿东西,什么时候才有个完啊?

第二天一早,瓦尔特来到艾思迪家。艾思迪说:“你嫂子见到了铁盆,特别高兴。”

瓦尔特说:“一点薄礼,不成敬意。”

这时,瓦尔特将目光锁定在艾思迪店里的一枚金戒指上。这枚金戒指非常漂亮,也很贵重,上面还镶嵌着一颗蓝宝石,是艾思

迪花了整整一个月的工夫才做成的。

瓦尔特拿起戒指对艾思迪说："大哥啊，你的手艺真不错！这枚戒指做得真好，你弟妹肯定喜欢，我这就拿回去送给她。"

瓦尔特说完，高兴地将戒指拿走了。艾思迪既不能阻止他，也不能再去瓦尔特家把戒指要回来，因为艾思迪自己从瓦尔特家拿东西从来都不还。

从那以后，金匠艾思迪再也不去铁匠瓦尔特家拿东西了。

成功课堂

金匠艾思迪从铁匠瓦尔特家一年拿的东西，也抵不上瓦尔特一次从艾思迪家拿的东西值钱。目光短浅的人往往喜欢贪小便宜，只顾着眼前利益而不给自己留一条后路，就像文中的金匠艾思迪一样，最后只会让自己损失惨重。

胆小如鼠：克服恐惧变自信

可爱的约舒娅已经是初中生了，可她依然像小时候一样胆小。母亲为了帮约舒娅锻炼胆量，一有时间就带她去动物园看各种猛兽。可是，约舒娅总是躲在母亲身后不敢出来。

母亲之所以想锻炼约舒娅，并不只是因为她害怕猛兽，主要是因为她也怕人，只要是不熟悉的人她都怕，就连班主任也不敢接近。为此，各科老师都向约舒娅的母亲反映过这个问题，如此胆小的学生沟通起来很麻烦。可是，无论母亲怎样教育，约舒娅就是克服不了恐惧的心理。

这天，刚放暑假的约舒娅兴奋地来到爷爷家，因为对这里的一切都很熟悉，所以只有在这里她才是最快乐的。母亲向爷爷说起约舒娅胆小的毛病，爷爷笑了笑说："没关系，我有办法帮她克服掉这个毛病。”于是，爷爷慈祥地走到约舒娅身边，摸着她的头发说：“我的宝贝，最近在学校过得怎么样？”约舒娅有些抵触地说：“爷爷，您为什么问我这个问题？我非常不喜欢去学校，更害怕见到老师。”爷爷说：“老师有什么可怕的，他和你一样都是人啊！”约舒娅眨着大眼睛不知如何解释，但爷爷能从她的表情里看到恐惧。于是，爷爷说：“约舒娅，你喜欢小老鼠吗？”约舒娅嫌弃地说：“谁会喜欢那家伙，专吃粮食的坏蛋。”爷爷笑着说：“那我给你讲个故事。从前，上帝养了一只漂亮的小老鼠，每天给它很多丰富的食物。一天，上帝想到人间查看情况，小老鼠也偷偷和他一起来了。老鼠同上帝住在一间茅草屋里，它趁上帝休息时偷偷溜出去玩。刚走到外面，老鼠就看见一只大花猫，它快速地跑了回去，钻到上帝的怀里发抖。上帝说，‘天哪，你这是怎么了？难道是生了什么怪病，为什么抖得这么厉害？’老鼠说，‘我真后悔来到人间，人类为什么那么喜欢养猫啊？’上帝说，‘原来你是被猫吓成这样的，没关系，我把你变成猫不就行了’。话音刚落，老鼠就变成一只大猫。‘大猫’又重新跑了出去，再次看见那只真正的大花猫，与它对视了一会儿，‘大猫’发现它正向自己这里跑来，依然很害怕，就又跑了回去。上帝看到被吓得上气不接下气的‘大猫’，说，‘你又怎么了，已经变成猫了，为什么还怕猫呢？’‘大猫’不想让上帝瞧不起自己，便撒谎说，‘我看到一只黝黑的大狗，它正露着尖牙向我跑来’。上帝说，‘这也没问题，我把你变成猎犬就行了，这样猫狗都不敢欺负你了’。‘猎犬’再次出门，又看到那只大花猫，依然和它对视了一会儿。大花猫以为猎犬要攻击自己，就把全身的毛都立了起来，并发出呜呜的吼叫声。‘猎犬’以为大花猫要攻击自己，吓得转头又跑了回去，还没等上帝发话，‘猎犬’就说，‘这里是村庄，为什么会有老虎出现？’上帝说，‘这样好了，我把你变成人，就什么都不怕了’。‘人’

第四次走出茅草屋，看到那只大花猫依然在那里，胆小的‘人’还是不敢动，可是大花猫却把它当成了真的人，想过来向它讨东西吃。‘人’看着喵喵直叫的大花猫再次向自己靠近，它又吓得跑了回去，经过多次惊吓它有些神志不清了。上帝看着就要晕厥的‘人’说，‘你到底是怎么了，有什么可怕的东西？’‘人’说，‘为什么猫什么都不怕？’上帝这才明白，原来就算是把老鼠变成人它也依然怕猫。”

约舒娅很喜欢这个故事，她问爷爷：“您为什么要给我讲这个故事？”爷爷苦笑着说：“因为你就是那只变成人的小老鼠。”约舒娅听后不高兴地说：“我才不要当人人都讨厌的老鼠。”爷爷又说：“可是你却像老鼠一样胆小啊！”约舒娅听后，不好意思地低下了头。从那天起，约舒娅开始努力克服恐惧心理。不到一年，她竟然敢大方地上台表演了，而且还有了很多朋友。

成功课堂

没有人愿意和胆小的人做朋友，只有那些缺乏自信的人才像老鼠一样，活在阴暗的角落里。想成功就要结识很多朋友，这样既可以得到他人的帮助，又可以为自己增强信念，生活也会变得多姿多彩。

雨衣的心事：天生我材必有用

夏季的梅雨期，每天都会有一两场大雨，如果赶上电闪雷鸣狂风大作的雨天，伞就起不了什么作用了，所以经常出门的人会买件雨衣，来度过这个雨水较多的季节。

商场里也会根据人们的需要，在靠近大门的展柜里摆放一些颜色鲜艳的雨衣，五彩缤纷应有尽有，上面的图案也会为不同年龄段的人们专门设计，有大气妩媚的花朵，乖巧可爱的小动物，还有很多时尚的标志。总之，让人看见就有想把它们买回家的冲动。

一天下午，大雨毫无征兆地袭击了这座城市，很多人都去商场里买雨衣，瞬间展柜上的雨衣就所剩无几了。这时，有一件红色的小雨衣说："绿阿姨，您说咱俩谁会被先带走？"军绿色笨重的雨衣说："当然是你了，我的颜色不好看又笨重，没人会喜欢我。你就不同了，既小巧又有鲜艳的颜色，肯定会有人喜欢你的。"红雨衣伤心地说："可是我是件残次品，帽子太小根本没法戴。"接着，它们都沉默了，因为它们都是被人挑剩下的，也许将永远住在这里。

没几天，展柜上重新摆满了新货。又逢大雨，新货被瞬间抢购一空，红雨衣伤心地说："我什么时候才能被带回家呢？"这时，一个苍老厚重的声音响起，一位老人对售货员说："请把那件绿雨衣给我。"售货员说："先生好眼力，这件雨衣虽然不好看，但质量是最好的，既耐磨又宽大，谁都能穿。"听到赞扬，绿雨衣兴奋地说："原来我如此优秀。"红雨衣却更加伤心了，她哭着目送绿阿姨离开，寂寞地看向远方。不一会儿，一位小姑娘出现在红雨衣的视线里，她指着红雨衣说："请问这件雨衣多少钱？"售货员说："这件雨衣是残次品，如果要买给您半价吧。"小姑娘说："没关系，我想用它来遮挡旅行箱，只要不漏雨就行。"就这样，红雨衣也被成功地带走了。

成功课堂

每个事物都有它存在的意义，就像李白《将进酒》中的那句"天生我材必有用"。我们每个人都是社会上的一分子，只要努力终有一天会发出耀眼的光芒，不要因为某一方面的缺失而否定了自己的价值。

猎狗与烤肉:犹豫意味着失去

一天傍晚,猎狗觉得特别饿,于是外出觅食。走着走着,猎狗灵敏的鼻子嗅到了一股烤肉的香味。猎狗嗅了好久,跟着气味沿着一条小路,走进丛林深处。

猎狗一路小跑,忽然发现前面出现了岔路口,那条小路被分成了两股。这时,那股烤肉味越来越浓了。猎狗站在岔路口想了想:我到底应该走哪条呢?它徘徊着,在这条路上闻闻,又在那条路上闻闻,不知道究竟该走哪条。

最后,猎狗自言自语地说:“我还是走右边这条路吧,这条路应该能把我带到有烤肉的地方。”

在那条路上走了一会儿,猎狗忽然觉得不对劲。它心想:这条路肯定不对,左边的路才是正确的。于是,猎狗又赶忙跑了回来,心里又很担心,万一那里有烤肉,被别人吃了怎么办?究竟是走右边,还是回去继续走左边的路,这让猎狗犯了难。后来,猎狗灵机一动,想到了一个办法,那就是:两条小路一起走。它高兴地说:“那块烤肉是我的了。”

猎狗把自己的四条腿横跨在小路上,两条前腿在左边,两条后腿在右面,就这样,它出发了。

刚开始的时候,两条路相隔很近,所以猎狗觉得不是很吃力,但走了一段时间,两条小路之间的距离越拉越大,猎狗前腿与后腿之间的距离也不得不越张越大。后来,大到猎狗难以忍受,好像是有个人要把它的身子撕成两半,它一步也前进不了了。它大口大口地喘着粗气,一点一点地往前挪。这时,猎狗心想:这两条路怎么这么长啊,烤肉究竟在哪里?

最后,猎狗实在坚持不住,趴在了地上,任由醉人的烤肉味飘过。

成功课堂

顾虑太多的人，总是走不出自己规定的圈子。做事思前想后、优柔寡断、踌躇不前，只会让你失去更多良机。

小猩猩的母亲：冷漠造成孤独

英国科学家做了一组有关于人类行为的实验，实验内容是这样的：科学家先找来一只正处于幼年阶段的小猩猩，为它创造五种人造母猩猩，观察母亲的拒绝会让小猩猩产生什么反应。

第一种“母亲”能用压缩空气吹小猩猩；第二种“母亲”是装有弹簧的，能轻而易举将小猩猩弹开；第三种“母亲”会剧烈晃动，让小猩猩无法爬到母亲的身上；第四种“母亲”的身上布满了铁钉。这四种“母亲”都没能将小猩猩赶走，只有第五种体内灌冰水的“母亲”将它赶走了。

成功课堂

其实，造成孤独的原因，是你自身太过冷漠。让脸上多一点笑容，内心多一丝阳光，你会发现一个完全不同的世界。

猴王浇树：自以为是是大病

有一次，印度的国都举行祭奠，宫廷的护卫也必须奉命前往。有一个护卫对院子里的猴子王说：“我有事要出去，我不在的时候，你要替我照顾好院里的树苗，不要让它们枯死了，一定不要忘记打水灌溉，但也切忌太浪费水。”

猴子王马上召集手下说：“你们现在去替小树浇水，不过，不能浪费水。浇水之前，要把树苗一棵一棵拔起看一下，为了节约用水，根长的就多浇些，根短的就少浇些。”

猴子们立刻遵照指示去做。这时，有一个贤者路过看见，便问猴子说：“为什么要把树苗拔起来看呢，要知道树苗栽好了是不能拔起来的，直接浇水不就行了吗？”

猴子回答说：“我们只是奉命行事而已。”贤者听后，不禁悲叹说：“唉，你们真是愚蠢无知！自以为这是两全其美的做法，却不知道这样干只会使后果不堪设想！”

这些猴子只知忠实地服从命令，用水浇树，根本没有想到栽种的树苗不能随意拔起来，结果反而使树苗更迅速地枯萎。

成功课堂

自以为聪明的举动却得到了坏的结果，自以为是的确害人不浅。猴子拔树苗的故事与“拔苗助长”的寓言故事同出一辙，寓意深刻、发人深省。可惜，在我们的周围，这样的事情仍在继续，这不能不说是一种悲哀。

刚直父子：刚而不柔是大恶

明末文学家冯梦龙，曾在《广笑府·尚气》篇中记载了这样一则故事：

洪武年间，有父子二人，性格都非常豪爽、耿直。生活中，他们从不向别人低头，也从不礼让他人。

一天，家中来了贵客，父亲就让儿子去集市买些猪肉。儿子拿着父亲给的银子，在屠户那里买了几斤肉，用绳子穿着回家。走到城门处时，迎面碰上一个壮汉。儿子见状不后退半步，壮汉也坚决不避让，就这样两人面对面地站了大概两个时辰。

已是正午时分，父亲还在家中等着肉下锅款待客人，他十分焦急，与客人交代一番，便出门去找买肉未归的儿子。走到城门外时，父亲看见儿子正和别人僵持在那里。父亲心中大喜，自言自语地说："这真是我的好儿子，性格和我一样。"同时，父亲心中不由腾起一股怒火，他想是什么人敢如此大胆。父亲一个箭步上前，大声地说："好儿子，你先将肉送回去，陪客人吃饭，让为父站在这儿和他对峙。"

嘱咐完之后，儿子与父亲交换了一下位置，儿子赶回家去炖肉招待客人，父亲则站在那里继续与人对峙。这样的做法，惹得围观的民众大笑不已。

成功课堂

现实生活中，没有刚直之气不行，但要切记刚直并不是赌气，就像冯梦龙笔下所写的两父子一样，为了一点小事就与人对着干，把其他事抛到脑后，这不是刚直而是蛮干。久而久之，就会让人心生厌烦，最终会在人生旅途上撞得头破血流。

国君与车夫：喜欢听奉承话

从前，郭国的国君出逃在外，他对为他驾车的人说："我渴了，想喝水。"车夫把清酒献上。他又说："我饿了，想吃东西。"车夫又送上干肉和干粮。

郭君问："你怎么准备的？"

车夫回答："我储存的。"

又问："你为什么要存这些东西？"

车夫回答:“为您出逃路上充饥解渴呀!”

又问:“你知道我将要出逃吗?”

车夫说:“是的。”

“那你为什么不事先提醒我呢?”

车夫回答说:“因为您喜欢别人说奉承话,却讨厌人家说真话。我想过规劝您,又怕自己比郭国灭亡得更早,所以我没有劝您。”

郭君一听变了脸色,生气地问:“我之所以落到出逃的地步,到底是为什么呢?”

车夫见状,连忙转变了话题,说:“您流落在外,是因为您太有德了。”

郭君听后,又问:“有德之人却不被国人收留而流落在外,这是为什么呢?”

车夫回答说:“天下没有有德之人,只有您一个人有德,所以才出逃在外啊!”

郭君听后喜不自禁,趴在车前横木上笑起来,说:“哎呀,有德之人怎么受这等苦啊?”他觉得周身劳累,就枕着车夫的腿睡着了。

车夫用干粮垫在郭君头下,自己悄悄地走了。后来,郭君死在了田野里。

成功课堂

郭君在穷途末路之时,仍不能体会对自己忠心耿耿的车夫的一片赤诚之心,仍改不掉喜欢听奉承话的毛病,由此可见,他的失败不是偶然的。

包庇之罪:不学无术被人取笑

好吃懒做、不学无术的陈炳,在家人的逼迫下不得不出门找工作，可是因为既怕苦又怕累，他一直没有找到满意的工作。

有朋友向陈炳提议："你在县衙里有熟人，可以托他帮你谋个一官半职，也好解决温饱问题。"

于是，陈炳兴冲冲地找到朋友，问他："你经常与县大人在一起，能否告诉我他的爱好是什么？"朋友考虑了很久，说："大人的爱好很广泛，一时半会儿也说不清，我只能告诉你，他很喜欢《水浒传》。"听后，陈炳便兴奋地跑回家。

第二天，陈炳很早就起了床，洗漱完毕精心打扮之后，带上银两便向县衙走去。在朋友的帮助下，陈炳顺利地进入县衙。大人见他衣冠整齐举止大方，便问："你是否喜欢读书，或是书法、绘画之类？"陈炳听后，迫不及待地说："我很喜欢读书，尤其是《水浒传》。"大人又问："那你可知宋江为何同意招安？"陈炳说："谁是宋江，我并不认识。"此话一出，县大人就知道陈炳是个不学无术之人，便想戏弄他："很好，你不认识他就对了。你能告诉我，是谁杀死秦明的吗？"陈炳一听，突然跪倒在地："大人，我既不认识宋江，也不认识秦明，至于是谁杀死了他，小人不得而知。如果您认为是宋江将其杀死，那您请去问他，不要在这里为难小人。"县大人假装生气地说："此话何意，你难道是想包庇宋江？"此时，陈炳吓得满头大汗，连滚带爬地逃出县衙。

经过大门口时，朋友揽住陈炳问："你为何如此慌张？"陈炳紧张地说："你先让我走吧，以后再向你解释，不然我的小命就不保了。"

成功课堂

好吃懒做、投机取巧的人，总会因此受到惩罚，而那些不学无术又想轻易取得成功的人，最终会成为别人的笑柄。

蚊子的结局：小河沟里翻船

在一个风景优美、繁密茂盛的森林里，居住着许多动物，不但有狮子、老虎、狼、狐狸等食肉动物，还有蚊子、蜘蛛这样的小生命。

有一只蚊子，他每天都在想："在这个王国里，狮子应该是百兽之王了吧，没有比他更有力更强大的动物了。只要我能把它打败，那么我将会成为森林大帝。"

经过一番认真准备，这只蚊子终于向狮王宣战了。蚊子扇动着翅膀飞到狮子面前，对狮子说："狮子，我不怕你，你并不比我强大，不信，咱们较量较量。"可惜蚊子的声音太小，狮子根本没听见，仍在那儿悠然地闭目养神呢。蚊子见了，气得火冒三丈，用尽吃奶的劲儿对狮子喊道："你这只笨狮子，我们比试比试，看你有什么本事？是用爪子抓，还是用牙齿咬，我比你强得多。"说着蚊子吹着喇叭鼓足了力气向狮子冲去。

狮子这下可慌了，觉得脸上奇痒无比，睁大了眼睛瞧，还是看不清蚊子进攻的方向。蚊子恶狠狠地向狮子的脸上咬去，它专咬狮子鼻子周围没有毛的地方。

狮子左躲右闪，用力晃动脑袋，张开血盆大口猛扑向蚊子。蚊子小巧灵活，狮子的嘴巴总是落空，气得它拼命挥动着爪子，一顿乱抓乱挠，尽管如此，还是没有捉住蚊子。

蚊子高兴极了，向狮子威胁说："快认输，不然我咬死你。"狮子从来没受过这个罪，它怒吼着扑向蚊子，不过很遗憾，又失败了。气得狮子哇哇乱叫，蚊子趁势又朝狮子发动了进攻，叮得狮子用爪子把自己的脸都抓破了。没办法，狮子落荒而逃。

"我赢了！"蚊子得意地吹着胜利的喇叭，唱起欢乐的凯歌飞走了，一边走一边喊："我战胜了狮子，我才是最了不起的，我要当森林之王。"

蚊子得意忘形地飞着，完全忘了四周存在的危险。突然，它钻进了一个软软的东西中，身体被粘住了。它挣扎着，想要离开，但越挣扎粘得越紧，这下它清醒了，原来自己被蜘蛛网粘住了。一只蜘蛛凶光毕露地向它爬来，蚊子完全被胜利冲昏了头脑，并没有意识到自己的险境，它大声地对蜘蛛说："蜘蛛，我刚刚打败了狮子，你快放了我，我不屑和你打。"

蜘蛛听了冷笑道："蚊子，你别白费气力了，不管你曾经打败过谁，现在都是我的俘虏，吃掉你易如反掌，你将成为一只蜘蛛的晚餐。"

蚊子叹息着说："我同最强大的动物都较量过，取得了辉煌的战果，没想到，却败在一只小小的蜘蛛手上。"

成功课堂

经过大风大浪的英雄，常常在小河沟里翻船。拿破仑败于滑铁卢，关羽败走麦城，都是绝好的例子。太大摇大摆就容易丧失警惕，落入敌人的圈套。人生并非一帆风顺，得意时有万丈豪情，失败时也要光明磊落，吸取经验教训，以防悲剧重演。

愚蠢的狼：有勇无谋的悲剧

习惯群居的狼有时也会改变习惯，就像这只又笨又蠢的泰克，因为经常被家族里的狼羞辱，它气愤地跑了出来，想用事实证明自己的能力。

走了一天的路，泰克十分疲惫，但为了填饱肚子它必须继续前行，直到找到食物为止。一只调皮的小刺猬，正背着果实向家跑去，今天的收获还不少，应该够它饱餐一顿了。突然，刺猬发现了前方的恶狼，它本能地蜷缩起来，泰克好奇地看着眼前这个带刺的圆球，上面鲜艳的果实吸引了狼的注意力。泰克刚想用爪子把水果摘下时，小刺猬紧张地说："狼大哥，请不要动我的食物。"泰克这才发现，这个奇怪的东西是只刺猬，它兴奋地说："老天对我还真不错，赐我鲜肉和水果。"刺猬一听，知道这只狼是想把自己吃掉，于是蜷缩得更紧了。泰克露出锋利的爪子，猛地向刺猬抓去，瞬间听到一声惨叫，它的爪子被刺扎得鲜血直流。泰克愤怒地说："该死的刺猬，竟敢扎我，今天我非要把你吃掉不可。"说完，泰克张开血盆大口，直接向刺猬咬去。这次，泰克的嘴也被刺猬扎伤，只见鲜血像喷泉一样向外喷射，疼得狼嗷嗷直叫，然而它依然不肯放弃，继续向刺猬发起攻击。在此期间，小刺猬一直保持球状，一声不吭地忍受着，不一会儿它便感觉没了动静。刺猬小心翼翼地探出脑袋，瞬间闻到一股浓烈的血腥味，它颤抖着看向老狼，发现狼已经没了呼吸。

可怜的泰克，没有被饿死，却因愚蠢丧了命，失血过多的老狼死在了刺猬的身边。

成功课堂

有勇无谋只能陷自己于危险之中，愚蠢的狼只想着填饱肚子，却忽略了方式方法，最终悲惨地死去。

阎王判生死：惰性是种恶习

有一个青年，二十岁的时候，因为没有饭吃而饿死了。

阎王从生死簿上查出，这个青年应该有六十岁的年寿，他一生会有一千两黄金的福报，不应该这么年轻就饿死。

阎王心想：会不会财神把这笔钱贪污掉了呢？于是他把财神

叫过来质问。

财神说：“我看这个人命里的文才不错，如果写文章一定会发达，所以把一千两黄金交给了文曲星。”

阎王又把文曲星叫来。

文曲星说：“这个人虽然有文才，但生性好动，恐怕不能在文章上发达。我看他武略也不错，如果走武行会较有前途，就把一千两黄金交给了武曲星。”

阎王再把武曲星叫来问。

武曲星说：“这人虽然文才武略都不错，却非常懒惰，我怕他不论从文从武都不容易得到这一千两黄金，只好把黄金交给了土地公。”

阎王再把土地公叫来。

土地公说：“这个人实在太懒了，我怕他拿不到黄金，所以把黄金埋在他父亲从前耕种的田地里，从家门口出来，如果他肯挖一锄头就能挖到黄金了。可惜，他的父亲死后，他从来没有动过锄头，就那样活活饿死了。”

最后，阎王判了“活该”，然后把一千两黄金充公。

成功课堂

惰性，是一种恶习。有了惰性，做事提不起兴趣；有了惰性，做事就会松松垮垮；有了惰性，就会精神萎靡，得过且过。总之，惰性是一种腐蚀剂，感染了就是一种精神上的病态，它会使人庸庸碌碌，虚度一生。

神奇的袋子：贪婪永不知足

在一个破败的教堂里，住着一个流浪汉名叫盖尔达。盖尔达很穷，连张床都没有，所以他只好躺在一张长椅上睡觉。

一天，盖尔达躺在长椅上，自言自语地说："我想摆脱贫穷，如果我有钱了，我绝对乐善好施。"

话音刚落，一个金发大眼的魔鬼出现了，魔鬼喘着粗气对盖尔达说："我现在就让你发财，我给你一个钱袋，这个钱袋里有一枚银币，是永远拿不完的，但你要注意，在你觉得钱够了的情况下，就要把钱袋扔了，这样才可以开始花钱。"

说完这番话，魔鬼化作一股青烟，消失了。在盖尔达身边果真有一个钱袋，钱袋里装着一枚银币。盖尔达把这枚银币拿出来后，里面又有了一枚。于是，盖尔达不停地往外掏，整整一夜，盖尔达已经取出一大堆了。他心想："这些钱应该够我花一辈子了。"

第二天一早，盖尔达很饿，他想上街去买些吃的，忽然想起了魔鬼的话，必须把钱袋扔掉，才可以花钱。于是他拿着钱袋走到了垃圾桶旁，可是他舍不得扔，又回来了。

就这样，盖尔达又开始从钱袋里往外拿钱，每当他饥饿难忍时，就想把钱袋扔掉，但他总觉得拿出的钱不够花。

七天过去了，盖尔达完全可以用这些钱去买豪宅、名车。可是，他总是对自己说："等钱再多一点，我就把钱袋扔了。"这些天，他不吃不喝地拿银币，已经堆满了整个教堂。同时，他也变得极度虚弱。他一边不停地从袋子里拿钱，一边自言自语地说："我绝对不能把钱袋扔掉，只要钱袋还在，钱想要多少就有多少。"

十天后，他被饿死了，身边堆满了银币。

成功课堂

贪婪的人，对于金钱的概念就是越多越好。其实，金钱的危险就在于，它会蒙蔽我们的心，让我们感受不到亲情、友情、爱情，甚至是自己的生命，就像故事中的盖尔达一样，因为太贪婪而最终丧了命。

掉入陷阱：不要被无情打败

在西蒙的提议下，一群富人结伴到森林里打猎，可是刚进去没多久，其中一位名叫赖安的富人，不慎掉进了捕熊的陷阱里，手脚被下面的利器扎伤。

由于陷阱很深，上面的人根本无法看清下面的情况，他们只能不停地呼喊赖安的名字，以确定他是否还活着。赖安看到其他朋友没有办法帮助他，于是他强忍着疼痛，勉强扒着陷阱里的墙壁向上爬。与此同时，上面的朋友也在不停地为赖安加油，可是当朋友们能看到他时，发现他的脚根本用不上力，只能用右手和下巴艰难地向上爬行。

于是，这帮富人们开始议论：

“我的天哪，赖安的腿脚都受伤了，这样怎么能爬上来啊！”

“是啊，他的情况可真糟糕，这样下去他的下巴也会脱臼的！”

“墙壁如此光滑，他很有可能再次摔下去。”

“唉，可惜那么多的财产了，看来他的命真的不好，有钱却无福消受啊！”

“如果他真的再次摔下去，肯定会丧命的！”

“不知他死后，他的妻子和母亲会怎么办，本来婆媳关系就不好，不会因此闹上法庭吧？”

这些话，被正在努力向上攀爬的赖安听得一清二楚，他气愤地说：“你们这帮蠢家伙，请闭上嘴！”然而，话刚说完由于下巴的移动，全身的重量全部转移到手上，不堪重负的赖安重新掉进了陷阱里。当赖安想闭上眼睛等待死神时，听到上面的人仍在说：“你看，我说的没错，如果他再次掉下去，肯定会送命的。”

成功课堂

当赖安落入陷阱时，他感到非常紧张和害怕，然而令人更伤心的是，在场的人并没有积极地为营救他而忙碌，却一味冷漠地讨论着。其实，这个时候，他最需要的是关心和帮助。因此，如果你身陷生活的低谷而得不到帮助时，请捂上耳朵，努力自救；如果你身在事外，请闭上你的嘴，伸出你友爱的手拉一把。